FOR BEGINNERS!
MY BEST COFFEE SELECTION

新手的咖啡器具

輕圖鑑

達人分享煮咖啡技巧、使用心得＋新手選購指南

郭維平 編著

朱雀文化

編著序

新手的咖啡入門地圖集

　　早在 1950 年代，科學家便開始著手人工智慧的研究。到了 1970 年代，科學家開始理論觀念的研究，朝向實際應用的方向。

　　近來有許多新型咖啡器具問世，從工具進化 ACAIA 電子秤、HARIO 智慧型光爐，到「智能型」沖煮系統：HARIO Smart7 智慧咖啡機。除了讓我們節省追求美味咖啡的時間，還兼具重製性、穩定性和便利性，並透過科技連結所有參數，讓沖泡咖啡的人能事後調整與印證。

　　而想要得到一杯好咖啡，就需以器具來進行沖、泡、煮或濾，這都是萃取的形態，簡單來說就像是一種交換，透過水與工具，進行密度擴散與平衡的流動，而溫度、體積（研磨度）、時間、新鮮度、烘焙度、比例、壓力或擾動等，是影響流動強度與質量的變因，理論上來說，當密度平衡或已無可溶性物質，才可能停止，當然這最終結果不見得是我們想要的，因此必須由我們利用工具特點，再判定何時中止這樣的流動，也就是達到預期的最佳風味。

　　所以器具是一切萃取的媒介，萃取是呈現風味的變因，還有萃取序是分子移動的順序，萃取率及濃度則是中止後呈現的風味。因此，若能了解每一種工具的主要變因差異，並藉由控制甚至調整變因的比率，即可造就每種器具擁有的獨特風味，更能呈現細膩變幻的驚豔。

　　這本工具書你可以當成咖啡入門的地圖集，將市面上常見的咖啡器具分門別類收錄，希望能提供初入咖啡叢林的朋友們索引與參考。當然我們也知道器具百百款，而且不停推陳出新，因此難免多有遺珠之憾，且或許還搭配有許多不同的手法與見解，我想就請咖啡迷們，像尋寶遊戲般來看，最迷人的不只是寶藏 —— 美味的咖啡，還有探索美味咖啡的過程，自我挑戰、獲得武器、擴張領域、得到獎賞與突破，繼續追尋一條人煙罕至的感性祕境。

目錄 Contents

CHAPTER 1
手沖咖啡器具

CHAPTER 2
其他沖煮器具

CHAPTER 3
周邊小器具

CHAPTER

1

手沖咖啡器具

COFFEE DRIPPING

手沖壺＋濾杯＋玻璃下壺＋濾紙

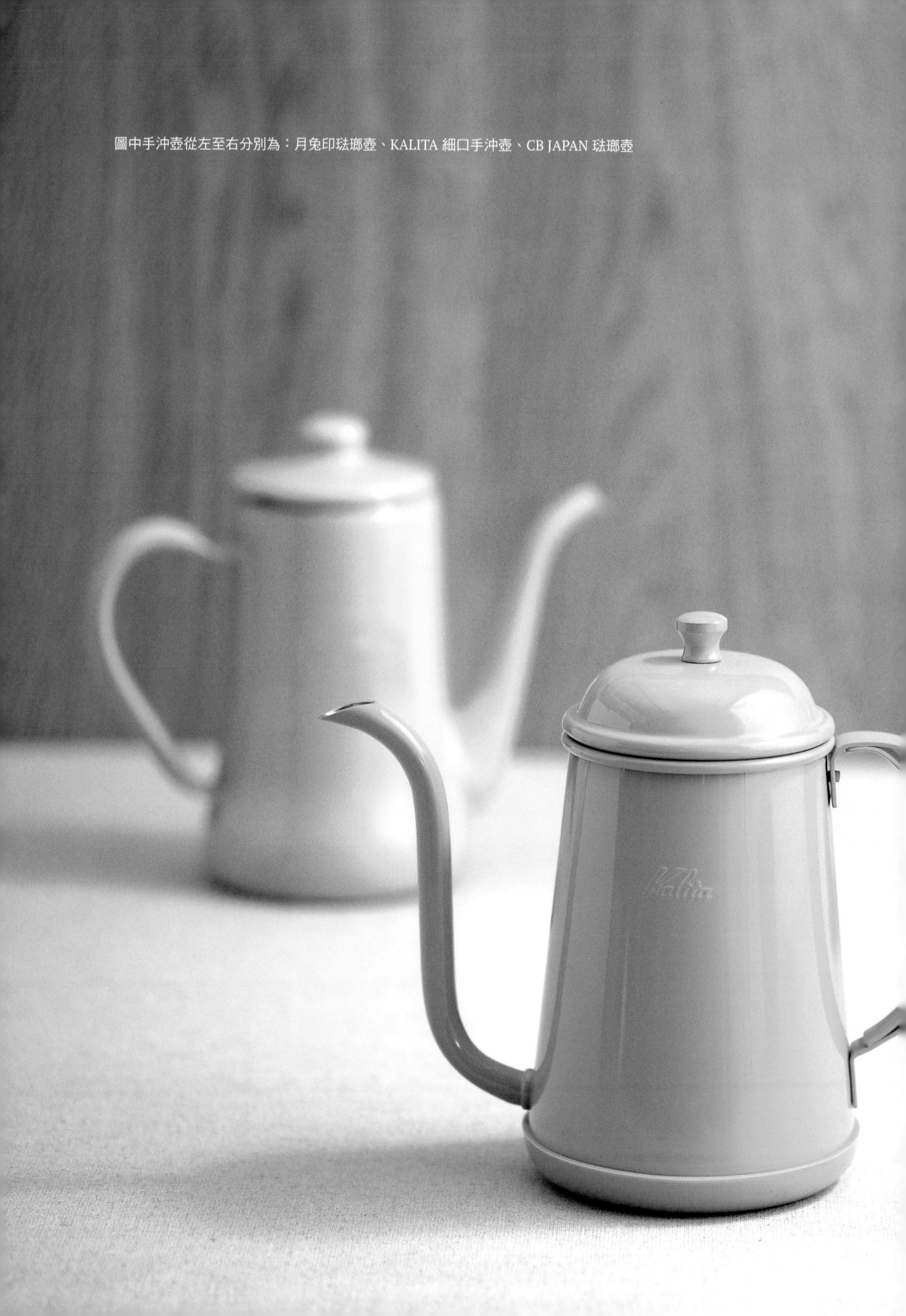

圖中手沖壺從左至右分別為：月兔印珐瑯壺、KALITA 細口手沖壺、CB JAPAN 珐瑯壺

在咖啡製程中,有兩階段常被認為最有趣,但也最易學難精。當紅的手沖咖啡是其一,其二便是咖啡烘焙,都是入門看似簡單,越深入反而發覺變因很多,而且每一個變因又會影響風味的生成。但正因此越玩越有趣、越投入。

手沖咖啡很適合新手入門,從琳瑯滿目的器具來說,濾紙、濾杯、手沖壺,到沖煮的水、咖啡的研磨,再到對應的咖啡烘焙度、養豆等等,都會影響咖啡最終呈現的風味。因此,若想像咖啡吧檯手般穩定沖出一杯好咖啡,往往是台上十分鐘,台下練苦功。然而,或許這就是手沖咖啡引人入迷的原因吧!

手沖壺與一般水壺最大的差異，在於手沖壺能穩定地控制出水量、出水速度，以及熱水注入濾杯的位置，這些都會直接影響萃取出的咖啡風味。因此，一支適合的壺可以說是手沖成敗的關鍵之一，尤其對新手來說，更是能提升手沖成功率、增加信心的好器具！

市面上器具不斷推陳出新，不同的材質、容量、顏色、形狀設計等等，產品眾多，常讓人眼花撩亂。為了讓新手能有基礎的認識，以下我會為大家以材質分類介紹各式手沖壺，有些是我常用的，有些是工作上測試過覺得好用的，分享我的使用經驗。

圖中手沖壺從左至右分別為：KALITA 銅壺、月兔印琺瑯壺、KALITA 木柄細口手沖壺

My Best Item
私心推薦

這些是我推薦的手沖壺，不管你是新手、玩家或是達人，除了自己本身喜愛的手沖壺，也歡迎你一起嘗試，體驗手沖咖啡的樂趣。

TIAMO 青鳥斜口細口壺

壺嘴可 90 度注水，輕鬆控制水流量。1mm 超厚材質壺身，保溫性佳。壺蓋上附有溫度計插口，方便測量正確水溫。壺蓋可單手打開，防止操作中壺蓋掉落。壺蓋上有透氣孔可散熱。

`新手級～玩家級` `700ml` `不鏽鋼製` `台灣品牌`

> 另有玫瑰金、不鏽鋼等色！

> 雙層加寬把手，設計優雅，CP 值超高！

> 滿足喜愛玩手沖咖啡變化的人的需求！

KALITA 細口壺

我個人最常用的一支壺。這支手沖壺同樣擁有水流穩定，掌控度佳的特性，同時也是屬於細口壺，但是加快或加大水流時，由於壺嘴經過兩次將近 90 度折沖，將衝擊力道柔化，不論快沖或慢沖，都較容易讓水流垂直穩定地沖入咖啡粉中，且如只沖 1～2 杯量時，沖壺加水的重量適中。

`新手級～玩家級` `700ml` `不鏽鋼製` `日本品牌`

月兔印手沖壺

兼具優雅的造型，壺蓋與壺身緊密，不用再擔心像月兔印琺瑯壺，稍微傾斜壺蓋就有可能掉落。注水自然集中，呈現柔弧狀或近直角狀，綿密不絕；壺嘴的設計，不是那種鶴嘴大水柱或 KALITA 手沖壺細長水柱，有一點像這兩者的合體，很好運用變化。握在手中感覺很沉穩，也很有挑戰性，這支壺應可以滿足喜愛玩手沖咖啡變化的人的需求！

`玩家級～達人級` `700ml` `不鏽鋼製` `日本品牌`

> 壺身與壺蓋附刻度標、溫度計插孔，適合手沖初學者操作。

TIAMO 鈦金色手沖壺

台灣品牌，與日本 KALITA 手沖壺 700ml 外型相似，也擁有類似的功能，不論水流的掌控度、重量與鈦金外表，都非常適合手沖初學者操作。壺蓋旋鈕卸下後，即可成為預留的溫度計插孔，加上壺身內外皆附刻度標，使用上非常方便。

`新手級～玩家級` `700ml` `不鏽鋼製` `台灣品牌`

> 智能控溫，素人、比賽選手都愛使用！

BONAVITA 定溫式手沖壺

將電熱壺與手沖壺結合，可以直接設定想要的熱水攝氏溫度，同時具有智能定溫的功能，光是這點，讓許多手沖比賽選手喜愛使用。其溫度誤差值於 1℃ 的溫控精準，還可快速加熱到指定溫度時，底座具有調溫、保溫、記憶、手沖咖啡計時功能，一小時後自動斷電，不過個人使用後覺得還算順手，唯一小缺點是，滿載水時會稍重些。

`新手級～玩家級` `1000ml` `不鏽鋼製` `美國品牌`

> 壺身輕巧、注水掌控度佳，手沖初學者誠心推薦！

Driver 細口壺

台灣品牌，小巧可愛，注水掌控度佳，壺身鋼材厚度 1.2mm，附有溫度計插孔，顧慮到手沖測溫的需求。壺嘴和壺身一體融合，現代感十足。手沖壺即使加水滿載後也能操作靈活，沖兩杯量剛好，帶出門也不怕多占空間。

`新手級` `550ml` `不鏽鋼製` `台灣品牌`

> 定溫式手沖壺，實用度高。

TIAMO 電熱細口壺

也有和 BONAVITA 手沖壺相同的功能，但溫度設定方式略有不同。已預設經常使用的攝氏溫度，單鍵觸控就可以完成設定，保溫性佳，方便好用。

`新手級～玩家級` `1000ml` `不鏽鋼製` `台灣品牌`

認識手沖壺
ABOUT COFFEE POT

手沖壺（Coffee Pot）是用來盛裝熱水，然後注入咖啡粉以萃取出咖啡液的專用壺。常見的材質分成「銅」、「不鏽鋼」和「琺瑯」。銅製壺的優點是導熱速度快且均勻，外觀如黃金般亮眼，久看不厭。不鏽鋼壺雖然不像銅看起來金光閃閃，但保養起來較輕鬆，使用完畢只要擦乾，不用擔心生鏽。同時，多數手沖壺可用瓦斯加熱，更加方便。琺瑯壺則是純手工上釉，適用瓦斯爐、電磁爐，微波爐不可，保溫性佳，色彩亮麗多變。

DATA
尺寸→ 高 180× 寬 180× 底 130mm
重量→ 850g.
容量→ 1100ml
顏色→ 銅色
材質→ 壺身為銅（厚度 1.2mm），
　　　壺底為不鏽鋼（厚度 1.0mm）
品牌→ 日本
其他→ 無

Coffee Pot
銅壺 COPPER

導熱迅速，壺（容器）內均溫佳，材質具高質感，實用與美觀兼具。

銅製壺的優點是導熱速度快且均勻，外觀如黃金般亮眼，久看不厭。使用上用畢記得擦乾水分，以免壺身出現銅鏽。此外，由於銅器內部塗有一層鍍鈉，第一次使用前，可先以食用清潔劑、海綿清潔，切勿使用硬質菜瓜布擦拭。銅身表面如果變色，可以使用毛巾沾銅油擦拭變色部分，放置一小時後，再以清水清洗，保持乾燥。

電磁爐、瓦斯爐加熱 OK！

No.1

● SHINKO 新光堂細口壺

這款銅壺的內部是特殊的防鏽材質，可以避免沾附雜質，加上壺底不鏽鋼材質的設計，可以直接使用電磁爐、瓦斯爐加熱，實用度大增，非常方便。

壺身浮雕設計，
高質感！

No.2

● KALITA 細口壺

壺身精巧，表面槌目紋路與浮雕美觀，但把手易過熱，建議可添置隔熱套
搭配操作。容量小，不用擔心裝滿水會過重。

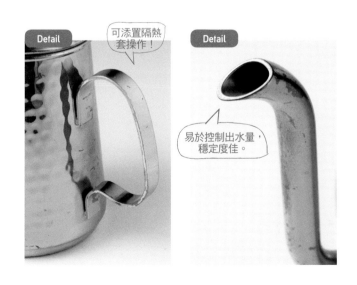

Detail

可添置隔熱
套操作！

Detail

易於控制出水量，
穩定度佳。

DATA
尺寸→ 高 172× 寬 160× 底 100 mm
重量→ 466g.
容量→ 600ml
顏色→ 銅色
材質→ 壺身為銅，壺內為鍍鎳合金
品牌→ 日本
其他→ 水滴角度：79 度，小水柱角度：
　　　75 度，大水柱角度：73 度

No.3

壺身造型優雅，散發銅的光澤與質感！

● KALITA 細口壺

細長的壺身造型，優雅耐看，壺口較一般壺來得小，可減緩熱氣散失。純銅壺，導熱快。這一支壺可以用瓦斯爐加熱，但因加溫速度快，把手易燙手。此外，不可以用電磁爐加熱。

Detail 把手易燙手，使用時須注意。

Detail 細緻的壺嘴

DATA
尺寸→ 高 190× 寬 238× 底 108mm
重量→ 547g.
容量→ 700ml
顏色→ 銅色
材質→ 銅
品牌→ 日本
其他→ 把手另有木製的款式

壺身銅槌目紋搭配木製把手，造型優雅。
TSUBAME×KALITA 的傑作！

No.4

● KALITA 木柄細口壺

這是日本金屬工藝重鎮新潟縣燕市（Tsubame）製造的高品質手沖壺！細長的造型，壺身為銅槌目紋路，更添質感，壺口較一般壺來得小，可減緩熱氣散失。

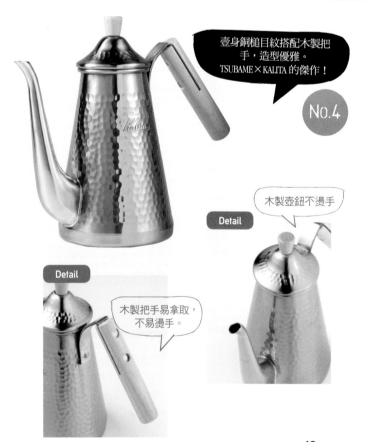

Detail 木製壺鈕不燙手

Detail 木製把手易拿取，不易燙手。

DATA
尺寸→ 高 190× 寬 238× 底 108mm
重量→ 516g.
容量→ 700ml
顏色→ 銅色
材質→ 壺身為銅，把手、蓋鈕為木
品牌→ 日本
其他→ 把手另有銅製的款式

No.5 ● KALITA 宮廷細口壺

說到銅製手沖壺,絕對不能漏掉這支「壺王」。外型如神燈的古銅手沖壺,出水穩定柔順,保溫性佳,是許多人夢幻的第一支手沖壺。

古典的壺身設計,出水穩定度極佳,初學者推薦款!

DATA
尺寸→ 高 173× 寬 310× 底 132 mm
重量→ 729g.
容量→ 900ml
顏色→ 古銅色
材質→ 銅、外部一層抗磨抗鏽蝕的鍍膜
品牌→ 日本
其他→ 小水柱角度:70 度,大水柱角度:60 度

浮雕版壺身,特殊鶴嘴口,專業人士的最愛!

No.6 ● KALITA 鶴嘴手沖壺

鶴嘴銅壺浮雕版,0.8mm 的超厚銅質壺身,導熱與保溫性佳。獨特的鶴嘴出水口,有助於掌握穩定的出水量。附電木隔熱把手,避免燙手。這款壺有兩種,差別在蓋子有無附上鉸鏈(蝴蝶釦)。

鉸鏈(蝴蝶釦)。

附電木隔熱把手,不易燙手。

鶴嘴設計的壺嘴

DATA
尺寸→ 高 160× 寬 200× 底 85mm
重量→ 559g.
容量→ 700ml、1,500ml
顏色→ 銅色
材質→ 壺身為銅,把手為酚樹脂
品牌→ 日本
其他→ 有附上鉸鏈及無鉸鏈兩款

【品牌小歷史 About Brand】

KALITA(卡利塔、卡里塔)的品牌名稱,是取自德文中「KALITA(咖啡)」和「Filter(濾紙)」的意思。創立於 1958 年,希望能讓更多人在自家就能輕鬆品嘗咖啡,以及享受咖啡的美好。Kalita 生產販售咖啡機、手沖壺、濾紙等多種器具,可以說是日本咖啡業界中的領導先驅,具有歷史的器具老店。

No.7

● **KALITA 咖啡歐蕾銅壺**

這一款手沖壺方便以左手握，如製作咖啡歐蕾時，可以左右兩手各握一壺，同時加入牛奶和咖啡液，可以完成美味的咖啡歐蕾。

左手方便握的特製手沖壺

DATA
尺寸→高 190× 寬 150× 底 150mm
重量→150g.
容量→500ml
顏色→銅色
材質→壺身為銅，把手為樹脂
品牌→日本
其他→另有右手用壺

Detail
樹脂把手，好握不燙手。

完美展現銅的金屬光澤與質感！

No.8

● **Asahi 食樂工房木把細口銅壺**

由日本工藝職人打造，如藝術品般的精緻。銅的材質導熱速度快且均勻，天然木製的蓋鈕和把手，可避免燙手。

Detail
天然木的把手和蓋鈕

Detail
壺嘴出水量穩定，好控制。

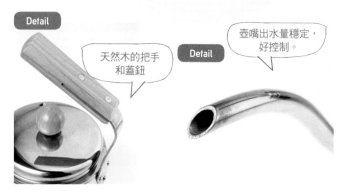

DATA
尺寸→高 230 × 寬 260× 底 125 mm
重量→900g.
容量→1L
顏色→銅色
材質→壺身外鍍銅，內層為鎳錫合金，蓋鈕和把手為天然木
品牌→日本
其他→無

壺身和把手雲朵波浪造型，經典設計，辨識度高！

No.9

● HARIO 雲朵手沖銅壺

壺身、把手雲朵波浪造型。這款壺適用電磁爐，寬底設計加熱容易，導熱效果佳。而且無論壺身轉哪個角度，壺嘴都易注水至濾紙的中心，出水量穩定。

DATA
尺寸→ 高 14.5× 寬 285× 底 126mm
重量→ 420g.
容量→ 900ml
顏色→ 銅色
材質→ 壺身為銅，蓋鈕為木，把手為黃銅
品牌→ 日本
其他→ 另有不鏽鋼材質款

獨特的外型，皮套包覆，棒球縫線裝飾，實用且值得收藏！

No.10

🇦🇺 Artisan 手作銅製手沖歪歪壺

手工打造銅製壺身與壺蓋，展現工匠的手藝。另外，在外層加上手工縫製的皮套保護壺身，保溫效果更佳。這款銅壺以人體工學設計，符合手握的自然曲線。壺身上方有溫度計孔，蓋鈕則為木製。

Detail

符合手握的自然曲線。

Detail

壺身、壺嘴以厚銅打造。

DATA
尺寸→ 高 170× 寬 130× 底 85mm
重量→ 500g.
容量→ 340ml
顏色→ 銅色
材質→ 壺身為銅，蓋鈕為木，外層加上皮製保護套。
品牌→ 澳洲
其他→ 另有容量 540ml 款，以及黑色皮套款；小水柱角度：75 度，大水柱角度：67 度

─────── 使用建議 User's Voice ───────

銅壺使用小訣竅 ///
1. 銅壺用直火加熱時，把手溫度較高易燙手，手握時須特別留意，可以加上布套或濕布。
2. 銅壺以大火加熱時，壺嘴基部也會受熱，熱水可能會從壺口飛濺出來。
3. 銅壺以瓦斯爐加熱時，如果瓦斯爐面不平穩，可以先墊上金屬網架，再放上銅壺加熱。
4. 為了避免壺中的水煮沸噴濺出來，容器內的水量最好只裝入七～八分滿即可。

7 個重點，選擇手沖壺 SELECT COFFEE POT

手沖咖啡最迷人之處，除了味覺感官的享受，就是欣賞職人手執沖壺時，優雅、執著、專業的展現。因此，如何選擇適合的手沖壺，就顯得格外重要。

工欲善其事，必先「理」其器。所以選購手沖壺前，除了先衡量自身能力與需求，也應該了解各種器具的結構，即每一支手沖壺的特點，才易於找到適合自己的利器。以下分享七點我選手沖壺的經驗，提供給大家參考：

①**外觀 >>** 選自己喜愛的顏色，手拿著就很高興。常見的金屬原色有不鏽鋼、銅，或者加上烤漆、琺瑯，那顏色的選擇性就更多了。

②**可加熱的方式 >>** 熱水裝入手沖壺後，如果水溫不足時則需加熱。一般常使用的熱源是電磁爐、瓦斯爐，但每支壺因材質不同，建議購買前須詳閱說明書。

③**材質厚度、特性 >>** 這會影響手沖壺的保溫、導熱性。材質越厚，保溫性越佳，導熱性越好，散熱也越快，但壺身與壺頸間均溫速度也會更好。

④**壺身 >>** 手沖壺多為上窄下寬的造型，壺身寬窄比例，將直接影響水壓與穩定度。

⑤**壺頸彎曲 >>** 出水時每經過一次轉折，就會降低注水的沖勁，讓水流更加柔順。壺身與壺頸彎曲度常相互搭配，像下圖 KALITA 細口不鏽鋼壺（700ml），壺身高瘦，為減緩注水力道，因此壺頸設計為近 90 度雙彎曲；而另一款 KALITA 宮廷細口壺（900ml），因壺身矮胖，因此壺頸設計彎曲角度相對較緩。

KALITA 細口不鏽鋼壺

KALITA 宮廷細口壺

⑥**壺嘴內徑 >>** 分為細口、寬口，會影響水流量與穩定度及衝力。

⑦**壺嘴切口 >>** 分為平切式與鶴嘴式。

針對⑥、⑦的使用經驗，以下以難易程度說明和排序：

★細口壺均為平切式，流量容易控制，較適合新手選用，但也限縮注水手法的變化，例如：KALITA細口不鏽鋼壺（700ml，參照 p.22）。

☆鶴嘴細口式流量好掌控，注水手法可多做變化，不過還是需要掌控練習，例：月兔印手沖壺（700ml，參照 p.24）。

★寬口平切式水流大且柔順，小水流則需要多練習，新手較不易掌控，例如：月兔印野田琺瑯手沖壺（參照 p.42）。

☆鶴嘴寬口式流量大且集中，適合做大水流式沖法。例如：KALITA 大嘴鳥手沖壺。

前面說的①～⑦，都是影響每一支手沖壺注水操控的便利性，與功能的延展性，所以我在本書部分手沖壺的「DATA」處，特別加上手沖壺的特點：注水角度。就如同有些手沖壺可以點滴式注水精萃，有些則專限於小水流的沖與攪、有些專限於大水流的柔與泡，又有些手沖壺即使高仰角也可輕鬆控水，新手就可以很快掌控。

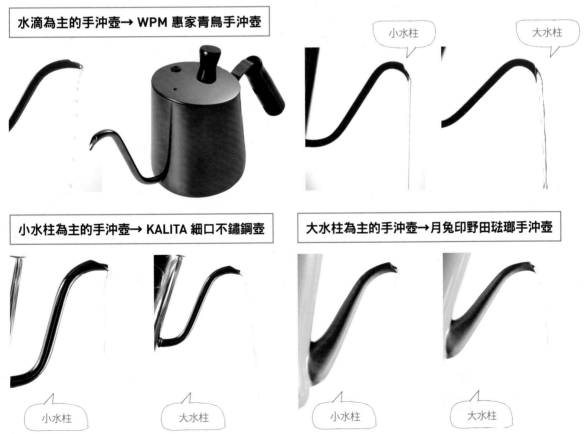

水滴為主的手沖壺→ WPM 惠家青鳥手沖壺

小水柱　　大水柱

小水柱為主的手沖壺→ KALITA 細口不鏽鋼壺　　大水柱為主的手沖壺→月兔印野田琺瑯手沖壺

小水柱　　大水柱　　小水柱　　大水柱

手沖器具眾多,市售商品持續推陳出新,假若你是初入門者,或者有經濟考量的話,可以優先考慮以下這幾款掌控簡單、購買便利、價位選擇多的入門款器具。

> 最常見的基本款手沖壺!

KALITA 細口不鏽鋼壺

以堅固耐用的不鏽鋼材質製作,壺身表面經過鏡面處理,散發金屬色澤且不易刮傷,但避免使用鋼刷或菜瓜布清洗。此外,可以用電磁爐、瓦斯爐直接加熱,對新手來說更顯方便。

`新手級` `700ml` `不鏽鋼製` `日本品牌`

> 壺蓋附溫度計插孔,輕鬆測量水溫。

TIAMO 木柄細口壺

基本款壺型,壺身經砂光、鏡面處理,不易刮傷,方便清理和收納。蓋鈕、把手為櫸木材質。

`新手級` `700ml` `不鏽鋼製` `台灣品牌`

> 附溫度計插孔,方便測量水溫。

DRIVER 細口不鏽鋼壺

超厚 1.2mm 不鏽鋼壺身,有溫度計插孔,把手設計好握,操作過程中出水穩定,小巧的壺身,很適合新手練習使用。

`新手級` `550ml` `不鏽鋼製` `台灣品牌`

> 手沖咖啡新手最佳銅壺入門款!

KALITA 宮廷細口銅壺

這支銅壺不僅外觀典雅,相當吸睛,而且出水量細且穩定,是想要進入銅壺世界的新手可以嘗試的第一支手沖壺。不過記得使用完畢後必須擦乾水分,以免生鏽,此壺也不可以直接加熱。

`新手級` `700ml` `不鏽鋼製` `日本品牌`

Coffee Pot
不鏽鋼壺
STAINLESS

材質耐用、好清洗、容易保存
最基本款的手沖壺,入門首選

不鏽鋼壺雖然不像銅壺般金光閃閃,但保養起來比較輕鬆,使用完畢只要擦乾,完全不用擔心生鏽的問題,而且不會因輕微碰撞就影響外觀,容易收納。此外,大多數不鏽鋼壺可用瓦斯加熱,更加方便,實用性高。

可以點滴式注水,
沖煮方式多變化

No.1

● KALITA 木柄細口不鏽鋼壺

不鏽鋼的材質不僅容易清洗(但仍須避免過度清洗導致表面刮傷)、堅固耐用,而且容易收納保存。此外,這款壺有木質把手及蓋鈕,好握並可避免燙傷。

DATA
尺寸→ 高 230× 寬 190× 底 110mm
重量→ 478g.
容量→ 700ml
顏色→ 不鏽鋼
材質→ 壺身為不鏽鋼,把手為木
品牌→ 日本
其他→ 可直火加熱

木質把手與壺鈕

注水柔順

Detail

Detail

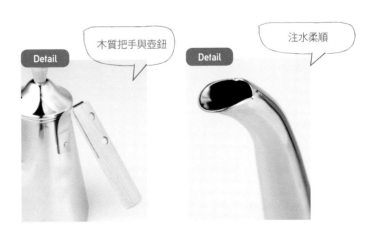

No.2

KALITA 與新潟縣燕市的聯名產品，Made in TSUBAME 的品質保證。

● KALITA 細口不鏽鋼壺

細長設計的壺身，壺口較小，可減緩壺中熱氣散失的速度。0.6mm 厚不鏽鋼材質，保溫佳，可以點滴式注水。這支壺是 KALITA 與日本五金廚具品質聞名的新潟縣燕市（Tsubame）合作生產。

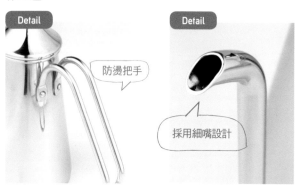

Detail　防燙把手

Detail　採用細嘴設計

DATA
尺寸→ 高 190× 寬 238× 底 108mm
重量→ 512g.
容量→ 700ml
顏色→ 不鏽鋼
材質→ 不鏽鋼
品牌→ 日本
其他→ 可直火加熱

壺蓋與壺身緊密，不易掉落。

Detail　壺嘴是微鶴嘴設計

No.3

● 月兔印手沖壺

壺蓋與壺身緊密，解決稍傾斜壺蓋就會掉落的危險。注水自然集中，呈現柔弧狀或近直角狀，綿密不絕；壺嘴的設計，融合鶴嘴大水柱與 KALITA 手沖壺細長水柱。雙層把手可散熱，不易燙傷，握在手中感覺很沉穩。

DATA
尺寸→ 高 160× 寬 205 底 100mm
重量→ 585g.
容量→ 700ml
顏色→ 不鏽鋼
材質→ 不鏽鋼
品牌→ 日本
其他→ 可使用瓦斯爐、電磁爐加熱

水流穩定，掌控度佳！
壺身設計典雅。

No.4

● KALITA 細口不鏽鋼壺

壺身經過鏡面處理，散發金屬的光澤。這支細口手沖壺擁有水流穩定，掌控度佳的特性，很適合當作自己手沖咖啡的第一支壺。

DATA

尺寸→ 高 190× 寬 195× 底 120mm
重量→ 448g.
容量→ 700ml
顏色→ 不鏽鋼
材質→ 不鏽鋼
品牌→ 日本
其他→ 可使用瓦斯爐、電磁爐加熱；另有容量 1.2L 款；小水柱角度：80 度，大水柱角度：70 度

可隨意變化注水量，
新手也能安心操作。

No.5

● TAKAHIRO 不鏽鋼壺

整支壺表面經過拋光處理，散發優雅的金屬光澤。注水時，水柱垂直好控制，初學者也可以輕鬆注入大水柱（粗水流）和小水柱（細水流）。這款壺另有 0.5L、1.5L 容量款，以及特別版「雫（水滴）」。

此為個人手工水晶裝飾款，並無販售。

DATA

尺寸→ 高 160× 寬 230× 底 120 mm
重量→ 310g.
容量→ 900ml
顏色→ 不鏽鋼
材質→ 不鏽鋼
品牌→ 日本
其他→ 可使用瓦斯爐、電磁爐加熱；另有容量 0.5L、1.5L 款；可點滴式注水，小水柱角度：89 度，大水柱角度：71 度

Detail

Detail

壺嘴可輕鬆注水

使用建議 User's Voice

標準版壺與特別版「雫」的差別 ///
以下是比較這兩種款式的手沖壺注水狀況。標準版壺可以輕鬆注入細水流（小水柱），但很難持續維持點滴注水的狀態。特別版「雫」是指壺嘴極細款，即使初學者或者剛開始接觸這支壺的人，也能很輕易穩定地注入水滴以及細水流，可隨意變化水流，讓自己的手沖咖啡更具變化。

No.6

● KALITA 炫彩咖啡不鏽鋼壺

700ml 適中的容量、隔熱效果佳的雙層把手及明亮活潑的顏色，讓這支壺在市場上很有人氣。加上注滿水後大約 1 公斤多，更是女性的最愛。此外，底部有矽膠製的止滑墊，還可防刮傷、隔熱，但是不可放在瓦斯爐、電磁爐上加熱。

DATA
尺寸→ 高 170× 寬 200× 底 90mm
重量→ 480g.
容量→ 700ml
顏色→ 藍綠色、黃色、粉紅色
材質→ 壺身為不鏽鋼，表面塗層，
　　　底墊為矽膠
品牌→ 日本

雙層把手防燙功效佳，符合手部弧線，好握易拿！

水流穩定，容易控制出水量。

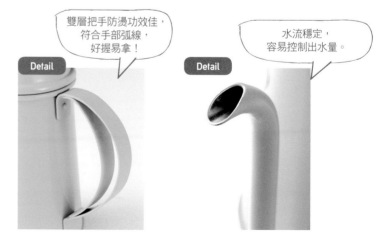

Detail

Detail

細口水流集中,易控制水量;
好握把手,女性也能輕鬆掌握。

溫度計探針接近出水
口,測溫更準確。

No.7

● HARIO 雲朵不鏽鋼壺

如雲朵般的外型,辨識度極高的一支手沖壺。
由於壺底為寬底設計,方便以瓦斯爐、電磁爐
加熱。附 HARIO VTM-1B 咖啡液晶電子溫度計。

Detail

Detail

樹脂握把,好
握又防燙。

不論柔順大水流或小水
流的沖攪,均可操作。

DATA
尺寸→ 高 147× 寬 274× 底 144mm
重量→ 600g.
容量→ 1.2L
顏色→ 不鏽鋼
材質→ 壺身為不鏽鋼,把手、蓋鈕為酚樹脂
品牌→ 日本
其他→ 可使用瓦斯爐、電磁爐加熱;另有 1L 款;
小水柱角度:91 度,大水柱角度:83 度

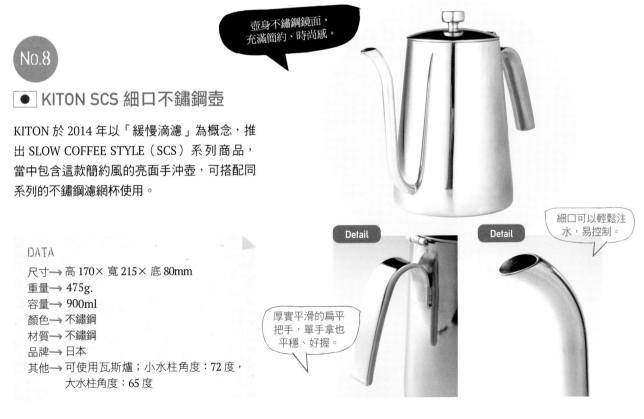

壺身不鏽鋼鏡面,
充滿簡約、時尚感。

No.8

● KITON SCS 細口不鏽鋼壺

KITON 於 2014 年以「緩慢滴濾」為概念,推
出 SLOW COFFEE STYLE(SCS)系列商品,
當中包含這款簡約風的亮面手沖壺,可搭配同
系列的不鏽鋼濾網杯使用。

細口可以輕鬆注
水,易控制。

Detail

Detail

厚實平滑的扁平
把手,單手拿也
平穩、好握。

DATA
尺寸→ 高 170× 寬 215× 底 80mm
重量→ 475g.
容量→ 900ml
顏色→ 不鏽鋼
材質→ 不鏽鋼
品牌→ 日本
其他→ 可使用瓦斯爐;小水柱角度:72 度,
大水柱角度:65 度

● YUKIWA 細口不鏽鋼壺（M-3）

由日本咖啡大師田口護參與設計，是許多人心中的夢想壺。把手為雙層不鏽鋼，尾端上下兩處各有兩個散熱小孔洞，操作時可避免把手過燙，而且壺蓋與壺身有鉸鏈相連結，預防壺蓋掉落。

把手尾端有孔洞，可避免把手過燙。壺蓋與壺身有鉸鏈相連結，防止壺蓋掉落。

Detail

鶴嘴、鵝頸設計，有利於注水。

DATA
尺寸→高 67× 寬 86× 底 142mm
重量→360g.
容量→400ml
顏色→不鏽鋼
材質→不鏽鋼
品牌→日本
其他→可使用瓦斯爐加熱；依容量另有其他款式，如
　　　M5（750ml）、M7（1000ml）以及 M5 延伸出
　　　KŌNO 特別版；可點滴式注水

壺內有內擋板

Detail

M5 的特別款，水量可細可粗，也可點滴式注水。

No.10 ● KŌNO 特別版 YUKIWA M-5 手沖壺（廣口）

這是 KŌNO 請 YUKIWA 代工品牌，以 YUKIWA 的 M5 為基本型設計的手沖壺，和 M5 的差別在於壺中通道口沒有了內擋板（網板），以及壺嘴為廣口設計，壺嘴下彎弧度增加，可以點滴式注水，可做標準的河野式（KŌNO）手沖技法。

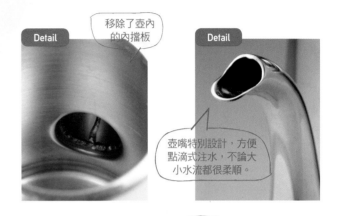

移除了壺內的內擋板

Detail

Detail

壺嘴特別設計，方便點滴式注水，不論大小水流都很柔順。

DATA
尺寸→ 高 180× 寬 100× 底 76mm
重量→ 360g.
容量→ 750ml
顏色→ 不鏽鋼
材質→ 不鏽鋼
品牌→ 日本
其他→ 可使用瓦斯爐加熱；另有壺嘴窄口版

No.11 ● KŌNO 特別版 YUKIWA M-5 手沖壺（窄口）

這是 KŌNO 請 YUKIWA 代工品牌，以 YUKIWA 的 M5 為基本型設計的手沖壺，和 M5 的差別在於壺中通道口沒有了內擋板（網板），以及壺嘴為窄口設計，壺嘴較細，可注入細而穩定的水流，也可以點滴式注水。

可垂直注水，易控制穩定的細水流。

DATA
尺寸→ 高 180× 寬 100× 底 76mm
重量→ 360g.
容量→ 750ml
顏色→ 不鏽鋼
材質→ 不鏽鋼
品牌→ 日本
其他→ 可使用瓦斯爐加熱；另有壺嘴廣口版

Detail

易注入細水流

Detail

移除了壺內的內擋板

【關於咖啡 About Coffee】

河野式（KŌNO）手沖技法，是指在前段悶蒸咖啡粉時，以點滴方式注水，至咖啡粉完全排氣，接著後段再增大水流完成萃取。萃取好的咖啡風味較為濃厚、口感扎實。

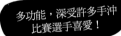
多功能，深受許多手沖比賽選手喜愛！

BONAVITA 細長嘴可調溫式電水壺

結合電熱壺與手沖壺，可以直接設定想要的熱水溫度，同時具有智慧定溫的功能。溫度誤差值在 1℃以內，溫控精準，還可快速加熱到指定溫度。底座具有調溫、保溫、記憶、手沖咖啡計時等功能，1 小時後自動斷電。

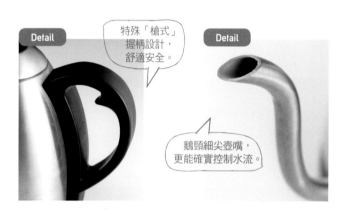

特殊「槍式」握柄設計，舒適安全。

鵝頸細尖壺嘴，更能確實控制水流。

DATA
尺寸→ 高 210× 寬 230× 底 180mm
重量→ 1.2kg
容量→ 1L
顏色→ 不鏽鋼
材質→ 壺身為不鏽鋼，底座、把手、蓋鈕為樹脂
品牌→ 美國
其他→ 限用原廠底座加熱

粗口壺嘴，智能控溫！

No.13

BONAVITA 控溫不鏽鋼電水壺

粗口 V 形壺嘴，材質厚實、圓弧線調的把手，不僅防燙，而且符合人體工學。插電式的底座具有調溫、保溫、記憶和計時功能，CP 值強，多次被選為國際比賽、杯測的使用壺。溫度誤差值在 1℃以內。

DATA
尺寸→ 高 210× 寬 270× 底 180mm
重量→ 1.27kg
容量→ 1.7L
顏色→ 不鏽鋼
材質→ 壺身為不鏽鋼，底座、把手、壺蓋為樹脂
品牌→ 美國
其他→ 限用原廠底座加熱

厚質不鏽鋼，保溫性佳；
材質好清洗、保存。

No.14

TIAMO 不鏽鋼細口壺

造型獨特，於不鏽鋼表面上鍍鈦金屬，賦予這支壺更佳質感。壺內有標示水量標記，方便注水，壺底部採用導磁不鏽鋼，利於直接加熱。

Detail

中空斷熱且厚實的把手，好握不易燙傷。

Detail

8mm 細口壺嘴，易控制水流量。

DATA

尺寸→ 高 145× 寬 270× 底 135mm
重量→ 434g.
容量→ 1L
顏色→ 鈦金
材質→ 不鏽鋼
品牌→ 台灣
其他→ 可使用瓦斯爐、電磁爐加熱；另有不鏽鋼色款；小水柱角度：80 度，大水柱角度：75 度

大容量 5～7 人份最適用！

No.15

TIAMO 皇家壺

復古造型搭配典雅玫瑰金，優雅精緻。不鏽鋼表面經過鏡面處理，壺口與壺身以最新的氬孤焊方式焊接，穩固不易脫落。

DATA

尺寸→ 高 165× 寬 310× 底 70 mm
重量→ 485.5g.
容量→ 1L
顏色→ 玫瑰金（紅銅色）
材質→ 不鏽鋼
品牌→ 台灣
其他→ 可使用瓦斯爐、電磁爐加熱；另有500ml、700ml 款；小水柱角度：76 度，大水柱角度：70 度

Detail

特殊造型把手，好握又漂亮！

Detail

極細壺嘴，可穩定出水。

適中容量＋可愛造型，CP 值高。

No.16 🇹🇼 TIAMO 皇家壺

壺身不鏽鋼表面經過鏡面處理，7mm 的極細壺嘴，加上平口設計，有利於手沖新手使用。420ml 容量，適合 1～3 人份的咖啡量。

DATA
尺寸→ 高 160× 寬 278× 底 115mm
重量→ 364g.
容量→ 650ml
顏色→ 不鏽鋼
材質→ 不鏽鋼
品牌→ 台灣
其他→ 可使用瓦斯爐、電磁爐加熱；另有420ml款；
　　　小水柱角度：76 度，大水柱角度：70 度

好握的弧度設計

平口極細壺嘴設計，即使新手也容易上手。

No.17 🇹🇼 TIAMO 優質砂光不鏽鋼細口壺

表面經砂光處理，抗磨損、好清洗。

表面經砂光處理，增添質感。8mm 細口壺嘴，易控制出水量，防燙手的把手令人安心，是一款非常實用的手沖壺。

DATA
尺寸→ 高 150× 寬 250× 底 115mm
重量→ 409g.
容量→ 900ml
顏色→ 不鏽鋼
材質→ 不鏽鋼
品牌→ 台灣
其他→ 可使用電磁爐加熱；
　　　另有溫度計珠頭款；
　　　水滴角度：81 度，
　　　小水柱角度：80度，
　　　大水柱角度：74 度

溫度計珠頭款，蓋上壺蓋，仍可以觀察水溫變化。

不易燙手的雙層把手設計。

8mm 細口壺嘴，大小水流都好控制。

壺蓋上附溫度計，可隨時控制水溫。

No.18 🇹🇼 TIAMO 優質不鏽鋼細口壺附溫度計款

壺身不鏽鋼材質，堅固、耐用、好清洗。把手為酚醛樹脂，具有極佳的隔熱效果，讓人安心操作。這支壺底較寬，感應面大，電磁爐加熱更方便。

DATA

尺寸→ 寬 225× 高 185× 底 125mm
重量→ 440g.
容量→ 1L
顏色→ 不鏽鋼
材質→ 壺身為不鏽鋼，把手為不鏽鋼＋樹脂，溫度計為矽膠
品牌→ 台灣
其他→ 可使用瓦斯爐、電磁爐、黑晶爐加熱；另有 700ml 款

Detail

隔熱手把，斷熱不燙手。

Detail

細口壺嘴，輕鬆控制注水量。

Detail

附矽膠溫度計，容易掌控水溫。

No.19 🇹🇼 TIAMO 優質不鏽鋼細口壺附溫度計專用珠頭

外層鏡面以拋光處理，不易刮傷、好清洗。蓋鈕是獨家開發的專用珠頭，可另外購買溫度計，插入即可立即測量水溫，相當方便。

特殊專利珠頭，插入溫度計輕鬆測量。

DATA

尺寸→ 高 185× 寬 220× 底 123mm
重量→ 473g.
容量→ 1L
顏色→ 不鏽鋼
材質→ 壺身為不鏽鋼，把手、珠頭為不鏽鋼＋樹脂
品牌→ 台灣
其他→ 可使用瓦斯爐、電磁爐、黑晶爐加熱；另有 700ml 款；小水柱角度：72 度，大水柱角度：59 度

不鏽鋼＋樹脂材質的把手防燙，特殊弧線好握拿得穩。

Detail

8mm 細口壺嘴，易控制水流量。

Detail

可於珠頭直接插入溫度計。

壺身曲線圓弧優雅，
不鏽鋼堅硬材質，美觀又實用。

No.20

🇹🇼 TIAMO 不鏽鋼滴漏式細口壺

大鈴鐺般的外型，高貴優雅。壺底面積寬大且是導磁的不鏽鋼，可直接放在瓦斯爐、電磁爐上加熱，省掉換壺的時間。

Detail 雙層把手設計，有效隔熱。

Detail 8mm 壺嘴，水流穩定。

DATA
尺寸→ 高 200× 寬 220× 底 118mm
重量→ 471g.
容量→ 700ml
顏色→ 不鏽鋼
材質→ 不鏽鋼
品牌→ 台灣
其他→ 可使用瓦斯爐、電磁爐加熱；另有 1L 款；
　　　小水柱角度：78，大水柱角度：70

No.21

🇹🇼 TIAMO 木柄細口壺

基本款壺型，壺身經砂光、鏡面處理，不易刮傷，
方便清理和收納。蓋鈕、把手為櫸木材質。

壺蓋附溫度計插孔，
輕鬆測量水溫。

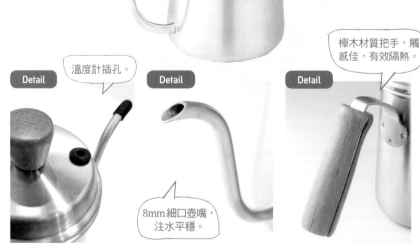

櫸木材質把手，觸感佳，有效隔熱。

DATA
尺寸→ 高 165× 寬 240× 底 90mm
重量→ 410.5g.
容量→ 700ml
顏色→ 不鏽鋼
材質→ 壺身為不鏽鋼，蓋鈕、把手
　　　為櫸木
品牌→ 台灣
其他→ 可使用瓦斯爐、電磁爐加熱；
　　　另有 1L 款；小水柱角度：
　　　78 度，大水柱角度：65 度

Detail 溫度計插孔。

Detail 8mm 細口壺嘴，注水平穩。

Detail

低調典雅的風格，呈現不鏽鋼的另一種樣貌。

No.22

🇹🇼 TIAMO 砂光不鏽鋼細口壺

全壺不鏽鋼材質製作，堅固耐用，不易損壞。表面經砂光霧面處理。蓋鈕的不鏽鋼珠頭可拆掉，插入溫度計。

Detail
雙層把手，隔熱佳。

Detail
8mm 極細口壺嘴，易掌控水量。

DATA
尺寸→ 高 155× 寬 185× 底 90mm
重量→ 470g.
容量→ 700ml
顏色→ 不鏽鋼
材質→ 不鏽鋼
品牌→ 台灣
其他→ 可使用瓦斯爐、電磁爐、黑晶爐加熱；另有 1.2L 款以及亮面款

No.23

壺嘴可 90 度注水，輕鬆控制水流量。

🇨🇳 WPM 惠家青鳥斜口細口壺

1mm 超厚材質壺身，保溫性佳。壺蓋上附有溫度計插口，方便測量正確水溫。壺蓋可單手打開，防止操作中壺蓋掉落。壺蓋上有透氣孔可散熱。

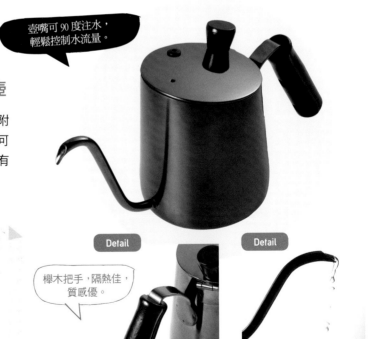

DATA
尺寸→ 高 135× 寬 290× 底 100mm
重量→ 432g.
容量→ 700ml
顏色→ 鈦黑，另有不鏽鋼、玫瑰金等色
材質→ 壺身為不鏽鋼，蓋鈕、把手為櫸木
品牌→ 中國
其他→ 可使用瓦斯爐、電磁爐；水滴角度：82度;小水柱角度:81度,大水柱角度:68 度

Detail
櫸木把手，隔熱佳，質感優。

Detail
壺嘴可 90 度注水。

No.24 🇹🇼 TIAMO 滴漏式細口壺（附刻度標）

這款顏色亮麗的手沖壺以不鏽鋼材質製造，於表面彩色塗層，底部附矽膠底墊，可隔熱、止滑。多種顏色，可隨喜好選擇。此外，壺身內外都附刻度標示，可注入正確水量。

> 顏色豐富多選擇，附刻度標，高實用度。

Detail 雙層手把，有效隔熱。

Detail 有刻度標註設計，方便注入水量。

Detail 8mm細口壺嘴，可注入細水流。

Detail 附矽膠底墊保護壺底、隔熱。

> 低調與熱情款，有多款顏色可選。

DATA

尺寸→ 高 165× 寬 200× 底 70mm

重量→ 378g.

容量→ 700ml

顏色→ 天空藍、香橙橘，另有青蘋綠、甜蜜粉、鮮豔紅、小鴨黃、武士黑、玫瑰金、鈦金等色

材質→ 壺身為不鏽鋼，表面塗層。珠頭為鋅合金，底墊為矽膠

品牌→ 台灣

其他→ 可使用瓦斯爐、電磁爐加熱，但表面彩色塗層處理的壺不可；小水柱角度：82 度，大水柱角度：66 度

插電直接加熱，還有保溫功能，一壺多功能。

No.25 TIAMO 電細口壺

這是一款既可直接加熱，具有保溫功效，以及防止空燒裝置的細口手沖壺，平時也可以可當水壺用。下方底座按鍵已經設定好常用的溫度，單鍵觸控即可完成設定。

Detail

按鍵已經設定常用的溫度，按了就 OK！

Detail

Detail

樹脂材質的厚把手，完全隔熱。

容易控制水量的細壺嘴設計！

DATA

尺寸→ 壺身：高 185×寬 290×底 145 mm；底座：
　　　長 200×寬 160 mm
重量→ 656g.
容量→ 1L
顏色→ 不鏽鋼色
材質→ 壺身為不鏽鋼，蓋鈕、把手為樹脂
品牌→ 台灣
其他→ 小水柱角度：84 度，大水柱角度：72 度

No.26 TIAMO 細口掛耳沖壺（附蓋）

加蓋設計，可單手開啟，不怕壺蓋掉落。

不鏽鋼壺身鏡面拋光，耐用、好清洗。壺身、壺蓋不分離，防止操作中壺蓋掉落。8mm 極細壺嘴，注水速度穩定且易控制細水量。

Detail

微圓弧、薄不鏽鋼片手把，符合手握線條。

Detail

8mm 極細壺嘴，注水速度穩定。

DATA

尺寸→ 高 130×寬 200×底 110mm
重量→ 299g.
容量→ 600ml
顏色→ 不鏽鋼
材質→ 不鏽鋼
品牌→ 台灣
其他→ 可使用瓦斯爐、電磁爐；小水柱角
　　　度：69 度，大水柱角度：58 度

選一支適合自己的手沖壺 ///

　　一支好的咖啡手沖壺，能輕鬆有節奏地控制出水速度與出水量，同時較易控制熱水注入濾杯的位置，而這些是影響咖啡萃取的重要因素。因此選購手沖壺時，除了考量外型、材質是否美觀，還須考量壺頸粗細、壺嘴型式與高度，這些因素均會影響注水量。此外，濾杯的容量同樣重要，也就是手沖時使用多大的濾杯，就該搭配多大容量的手沖壺，才能靈活操作。同時也要能裝入單次足夠的水量，不可有沖泡還未結束，水量已不足的情況發生。

　　根據我的使用心得，建議新手可選用「**平口細嘴、壺頸長，而且高於壺蓋高度**」的手沖壺，例如：KALITA 細口不鏽鋼壺 700ml、KALITA 宮廷細口銅壺、TIAMO 復古細口不鏽鋼壺 700ml、HARIO 雲朵手沖壺等能掌控好水流量後，再使用進階版手沖壺。當你的技術精進，則推薦使用進階版「**寬口、鶴嘴、短壺頸**」的手沖壺，例如：月兔印不鏽鋼壺 700ml、KALITA 鶴嘴手沖壺（銅壺）、YUKIWA 細口不鏽鋼壺等等。

　　此外，濾杯容量和選用的手沖壺也必須配合，像 1 ～ 2 人濾杯搭配 500ml 的壺，3 ～ 4 人濾杯搭配 700 ～ 1000ml 的壺，4 人以上濾杯搭配 1.2 ～ 1.5L 的壺。

進階用，KALITA 鶴嘴手沖壺（銅壺）。

進階用，YUKIWA 不鏽鋼手沖壺。

新手用，TIAMO 復古細口不鏽鋼壺。

進階用，月兔印不鏽鋼壺 700ml。

新手用，HARIO 雲朵
手沖銅壺。

進階用，YUKIWA 細口
不鏽鋼壺。

HARIO 雲朵不鏽鋼壺 1.2L，
可搭配 3 ～ 4 人濾杯使用。

TIAMO 滴漏式細口壺（附
刻度標）700ml，可搭配
1 ～ 2 人的濾杯使用。

TAKAHIRO 不鏽鋼壺 500ml（不
含壺身貼飾水晶），可搭
配 1 ～ 2 人的濾杯使用。

此為個人手工水晶裝飾款，並無販售。

琺瑯壺 ENAMEL

材質堅固、表面平滑不沾黏、好清理，
顏色鮮豔飽和，雜貨粉絲們的最愛！

琺瑯又叫洋瓷、搪瓷，是在鐵、鋼、鋁等金屬的表面上塗敷一層玻璃材質釉料，再經過乾燥、燒製於金屬表面，可以改變金屬的色澤和上色，一般多為彩色，使表面美觀且具特色。將這技術用在飲食器具上，就是近年來相當流行的琺瑯鍋、琺瑯壺。琺瑯壺顏色鮮豔、選擇多，賞心悅目。使用琺瑯壺時，不可空燒，避免急速加熱，以免琺瑯壺表面的玻璃材質釉料破裂而產生劣化、金屬外露。此外，市面上的琺瑯壺分成可直火和不可以直火的，操作時須特別注意。

雜貨風＆簡潔風，高質感的琺瑯手沖壺！

No.1

● KAICO 琺瑯手沖壺

日本品牌 KAICO（かいこ），在日文中有蠶繭、懷古的意思，是由小泉誠設計的琺瑯器具。這款手沖壺於 2013 年推出，取其品牌名稱之意，如白色蠶繭般簡潔。壺底較平坦，可使用電磁爐加熱。容量達 1.3L，適用於 4 人以上份量，或者營業用都很適合。

DATA
尺寸→高 159× 寬 230× 底 130mm
重量→625g.
容量→1.3L
顏色→白色
材質→琺瑯鋼板，蓋鈕為原木
品牌→日本
其他→可使用電磁爐加熱

結合鐵與琺瑯，具有保溫、耐熱及導熱的效果。

No.2

● 富士琺瑯小瑪莉手沖壺

這是日本老牌富士琺瑯出品，以快樂商店為主題設計的手沖壺。壺身表面為玻璃材質釉料，易清洗、不易刮傷，底層是金屬，維持導熱效果，更具有保溫、耐熱的功能。琺瑯本身平滑的特性，還可以阻隔咖啡液殘留、其他異味沾附，而且好清理。

Detail

圓弧形把手，好握舒適。

Detail

寬口壺嘴，手沖咖啡專用！

Detail

小水柱角度約 79 度

Detail

大水柱角度約 75 度

DATA
尺寸→高 180× 寬 215× 底 110mm
重量→700g.
容量→1L
顏色→藍色
材質→壺身為琺瑯鋼板，蓋鈕為原木
品牌→日本
其他→可使用瓦斯爐加熱，但不可用電磁爐、微波爐；小水柱角度：79 度，大水柱角度：75 度

經典中的經典，優雅的造型，顏色多選擇，自用、擺飾都 OK！

● 月兔印野田琺瑯手沖壺

這款經典手沖壺來自日本，最有名的琺瑯手沖壺──「月兔印」，由藤井商店開發，委託琺瑯老舖「野田琺瑯」代為製造的手沖壺。純手工上釉，適用瓦斯爐加熱，但電磁爐、微波爐不可，手把溫度較高，操作時要小心避免燙傷。

DATA

尺寸→ 高 195× 寬 225×115mm
重量→ 775g.
容量→ 1.2L
顏色→ 白色、黑色、藍色、黃色、紅色及咖啡色
材質→ 琺瑯鋼板
品牌→ 日本
其他→ 可使用瓦斯爐加熱，但不可用電磁爐、微波爐；另有 700ml 款；小水柱角度：85 度，大水柱角度：79 度

雋永的黑色款

活潑亮眼的紅色款

─── 【品牌小歷史 About Brand】───

月兔印（TSUKI USAGI JIRUSHI）系列始於 1926 年，是由 1923 年創立的日本餐具開發代理商藤井商店設計，再委託野田琺瑯的工廠製造生產。此款極受歡迎的手沖壺，由工業設計師山田耕民設計，堪稱日本的經典琺瑯手沖壺。

溫暖飽滿的咖啡色款　　　　　　　　朝氣蓬勃的黃色款

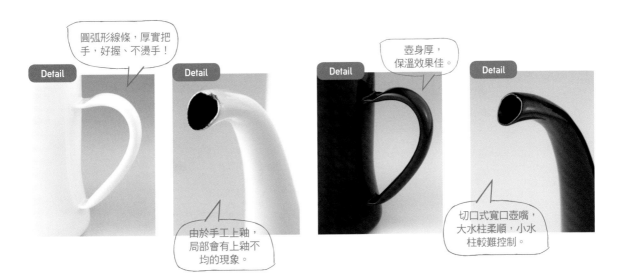

圓弧形線條，厚實把手，好握、不燙手！

Detail　　Detail

由於手工上釉，局部會有上釉不均的現象。

壺身厚，保溫效果佳。

Detail　　Detail

切口式寬口壺嘴，大大水柱柔順，小水柱較難控制。

使用建議 User's Voice

琺瑯壺使用小訣竅 ///

1. 不可空燒、避免急速加熱，以免琺瑯壺表面的玻璃材質釉料破裂損壞。

2. 琺瑯壺加溫時，手把溫度過高，小心燙手。

3. 清洗時，不可用尖銳鋼刷清洗，會損壞壺面。建議使用柔軟海綿沾上中性清潔劑清洗，再於陰涼處自然乾燥。

4. 琺瑯壺若因碰撞而表層脫落，可能導致釉料和深層金屬露出，若碰到水、酸性就會生鏽，所以除了避免碰撞損壞，最好用畢要擦乾，再自然乾燥。

1908 年時，德國籍家庭主婦——美利塔 · 本茨（Melitta Bentz）為追求一杯口感乾淨的咖啡，拿兒子的筆記本紙張做為濾紙使用，恰好這張紙是過濾效果很好的吸墨紙，加上她使用在底部挖洞的黃銅罐為濾器，於是濾紙加銅罐的組合，成了世界上第一個使用濾紙的銅質咖啡濾杯。這個「有洞的銅罐」，便是濾杯（濾器）的雛形。

而在美利塔 · 本茨發明這個簡易的濾紙與濾杯前，一般人喝咖啡時，多以布袋過濾咖啡渣的方式萃取咖啡，但因布袋保存與清潔不易，使用幾次後可能會產生不好的品質，進而影響咖啡原本的風味，所以濾杯和濾紙的發明，大大提升了咖啡的風味品質。

圖中濾杯從左至右分別為：UN CAFÉ 陶瓷錐形濾杯、HASAMI & KALITA 波佐見燒陶瓷濾杯、
KALITA 三孔玻璃濾杯、HARIO V60 陶瓷濾杯

圖中濾杯從左至右分別為：HARIO V60 紅銅金屬濾杯、KALITA 波浪三孔不鏽鋼濾杯、
田辺金具錐形槌目銅製濾杯、KALITA 扇形三孔濾杯

手沖咖啡是透過手沖壺、濾杯、濾紙,將熱水有效率的通過咖啡粉,溶解出咖啡粉內的可溶性物質。當中最具關鍵的必是濾杯。自 1908 年發明濾杯後至今,濾杯已衍生出許多種樣式,每一種樣式代表一種手沖咖啡風格,例如:扇形濾杯的醇厚、錐形濾杯的清爽層次、波浪形濾杯的平衡、聰明濾杯的簡易協調。

因此手沖咖啡時,若能將各式濾杯風格特色,進一步與咖啡豆的特色連結,如此更易展現咖啡迷人的手作風味。

市面上年年推陳出新，讓人眼花撩亂的各式濾杯，真教人不知從何下手。以下這幾款是我在工作、平日喜好使用，希望能給大家選購時一點建議。

耐熱玻璃，造型底座可拆卸，方便清洗！

HARIO 玻璃錐形單孔濾杯

水流速度相較略快，可以增加咖啡粉量，或將咖啡豆研磨度略調細些，以增進風味。此型濾杯可以表現咖啡豆的明亮風味與層次的口感。

`新手級～玩家級` `1～4 杯份` `玻璃` `單孔` `圓錐形`

KALITA 的經典款濾杯，陶瓷很耐用。

可以讓手沖咖啡風味更顯層次、更具變化！

KALITA 波浪三孔銅製濾杯

如果常使用圓錐形、扇形（梯形）濾杯的人，在使用這一種濾杯時，要改變一下注水方式。這一種濾杯排除因人為穩定度的問題，導致萃取不均的可能性，首先它使用蛋糕形（波浪形或花瓣形）濾紙波浪狀的空隙設計，來取代肋槽排氣功能，同時建議將研磨度調整為比中研磨再略粗一些，所以注水時不需繞「の」字形，只需於濾杯中間部分分次穩定注水即可。

KALITA 陶瓷扇形三孔濾杯

KALITA 扇形濾杯的流速算是較偏慢的濾杯，底部濾口為三孔，注水繞圈以橢圓形為佳，並須配合流速，注水勿過快，可避免兩側死角咖啡粉的過度萃取。這種濾杯可以表現中深烘焙～深烘焙，濃郁風味與醇厚口感。

`新手級～玩家級` `1～2 杯份` `陶器` `三孔` `扇形`

`玩家級` `1～2 杯份` `銅` `三孔` `扇形`

有了它，手沖新手也能穩定完成一杯好咖啡！

Mr.Clever 聰明濾杯

相對於手沖來說，聰明濾杯是較穩定的萃取方式，而且沖泡方式容易學，技術門檻低，穩定度也很高，可將咖啡風味的層次表現出來。即使沒有手沖壺，直接以開飲機注水，只要掌控好浸泡時間，也可以沖泡出美味的咖啡。各種烘焙度的咖啡豆都可以適用。

`新手級` `2～7 杯份` `樹脂` `單孔` `圓椎形`

免用濾紙最環保，咖啡具口感層次，風味佳！

Driver 不鏽鋼環保濾杯

雙層高密度濾網，一方面達到絕佳之萃取度，提供更豐富的口感；一方面避免細粉流下玻璃壺產生渾濁口感。淺烘焙豆可以試著以金屬濾網沖泡，可以避免油脂被濾紙過濾掉，增添滑順口感。

`新手級～玩家級` `2～4 杯份` `不鏽鋼` `無孔` `圓椎形`

雙層耐熱玻璃，2014 年SCAA 最佳新產品獎。

NOTNEUTRAL GINO 玻璃雙層濾杯

雙層隔熱玻璃一體成型結構，三孔設計，搭配使用蛋糕形（波浪形或花瓣形，KALITA 波浪系列 185）濾紙波浪狀的空隙設計，來取代肋槽排氣功能，建議將研磨度調整為比中研磨再略粗一些，所以注水時不需繞「の」字形，只需於濾杯中間部分分次穩定注水即可。比起多數扇形或圓錐形手沖濾杯的流速會稍慢些。

`玩家級` `1～4 杯份` `玻璃` `三孔` `其他形狀`

--- 咖啡二三事 About Coffee ---

2014 年美國 USBC 手沖冠軍陶德 ‧ 高茲沃斯（Todd Goldsworthy），就是使用了 NOTNEUTRAL GINO 玻璃雙層濾杯參賽，他的手沖技法和條件如下：

粉水比：約 1：12（咖啡豆 29g.：注水 350ml）
研磨度：中粗研磨（baratza virtuoso 20 或 21 號刻度）
水溫：96℃（使用 BONAVITA 定溫式手沖壺）
手法：首先以 40ml 的水悶蒸 30 秒，第一次注水到 150ml，第二次注水到 200ml，第三次注水直到 250ml，第四次注水到 300ml，第五次注水到 350ml 完成，注水分布也就是 40ml → 110ml → 50ml → 50ml → 50ml → 50ml = 350ml。

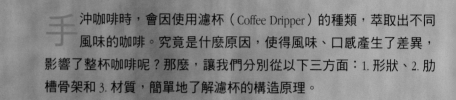

手沖咖啡時，會因使用濾杯（Coffee Dripper）的種類，萃取出不同風味的咖啡。究竟是什麼原因，使得風味、口感產生了差異，影響了整杯咖啡呢？那麼，讓我們分別從以下三方面：1. 形狀、2. 肋槽骨架和 3. 材質，簡單地了解濾杯的構造原理。

圖中濾杯從左至右分別為：KALITA Dual Dripper 雙層咖啡濾杯、HARIO 錐形圓孔濾杯、KŌNO 名門錐形濾杯

認識濾杯
ABOUT COFFEE DRIPPER

1. 形狀 > 外型與開孔大小及數量會影響流速，也影響咖啡粉與水接觸的時間。流速愈快，萃取咖啡的時間就愈短，萃取率越低，風味就可能較淡薄；相反地，流速愈慢，萃取咖啡的時間就愈長，萃取率越高，風味就可能較醇厚。一般來說，扇形濾杯的流速會比圓錐形濾杯慢。

圓錐形（錐形）

扇形（梯形）

波浪形（蛋糕形）

聰明濾杯

2. 肋槽骨架 >

濾杯內的肋槽數量與長短，會影響沖泡時，從咖啡粉內排出的氣體，是否可以由濾紙與濾杯肋槽間隙適當的排出，而氣體排出的速度又會影響萃取的效率。但也有濾杯是沒有肋槽的，像是波浪形濾杯，就完全沒有排氣肋槽，它是利用波浪形（蛋糕形、波紋形或花瓣形）的濾紙空隙設計，來取代肋槽的排氣功能。

3. 材質 > 影響濾杯均溫的導熱速度。常見的材質有樹脂（即塑膠，像壓克力樹脂、PP 樹脂、AS 樹脂等）、玻璃、陶瓷、金屬（銅或不鏽鋼），以上導熱速度由慢至快排列，價格剛好成反比。

耐熱樹脂　　　　　　　金屬

無肋槽的濾杯

陶瓷　　　　　　　玻璃

金屬濾杯 METAL

**堅固不易破損,耐久性佳,
導熱速度快,材質具有高質感!**

金屬濾杯包含銅、不鏽鋼等,優點是導熱速度快且均勻、堅固耐用;缺點是價格偏高,並非每個人都能輕鬆入手。金屬由於導熱迅速,加上保溫性佳,所以注入熱水時,通常能保持熱水的溫度,使萃取完成的咖啡液維持在一定的溫度,尤其像田辺金具錐形槌目銅製濾杯、KALITA 波浪三孔銅製濾杯等純銅濾杯,導熱性更優。

No.1

KALITA 最經典的銅製濾杯,導熱性超優!

● KALITA 梯形三孔銅製濾杯

這款濾杯是咖啡器具老品牌「KALITA」的經典產品。銅杯導熱迅速,易保持濾杯均溫環境,而把手以天然木製作,不燙手。銅製品用畢務必擦乾水分,以免出現銅鏽。

杯內立體肋槽骨架,使咖啡粉達到良好的悶蒸效果。

天然木把手,好拿取、防燙手。

三個濾孔設計

2～4 杯份的濾杯

DATA
型號或規格→ 101-CU
形狀→ 扇形(梯形)
濾孔→ 三孔
材質→ 杯身為銅,把手為天然木
份量→ 1～2 杯份,另有 2～4 杯份(102-CU)
濾紙→ 適用 KALITA101 濾紙
品牌→ 日本

No.2

● KALITA 波浪三孔銅製濾杯

這款 KALITA 推出的「Made in TSUBAME」系列濾杯，是由日本五金廚具品質聞名的新潟縣燕市（Tsubame）製造，等於品質的保證！需搭配波浪形（花瓣形或蛋糕形）濾紙使用，以濾紙獨特的波浪空隙代替肋槽的排氣功能。

職人手藝、簡潔線條充滿設計感！獨特濾紙讓咖啡風味更豐富。

DATA
型號或規格→ WDC-155
形狀→ 波浪形
濾孔→ 三孔
材質→ 銅
份量→ 1 ～ 2 杯份
濾紙→ 適用波浪形濾紙
品牌→ 日本

杯身表面槌目手感打造，「Made in TSUBAME」的品質，值得擁有！

No.3

● 田辺金具錐形槌目銅製濾杯

以 1mm 厚銅板製作。銅的熱傳導性能佳，能維持注水的溫度，易將咖啡粉完全浸濕悶蒸。此外要注意，像這款銅質濾杯，熱水注入後把手溫度會立刻上升、變燙，因此必須以布巾包覆再操作。除了表面是槌目紋路，另也有霧光（豔消）款。

DATA
型號或規格→ 槌目 4086
形狀→ 圓錐形
濾孔→ 單孔
材質→ 杯身為銅，杯內為錫，把手為黃銅
份量→ 4 杯份，另有 2 杯份
濾紙→ 適用圓錐形濾紙
品牌→ 日本

單一濾孔設計

黃銅把手，手拿時小心燙手。

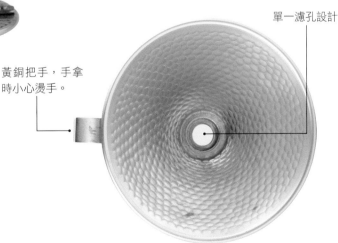

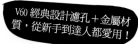
V60 經典設計濾孔＋金屬材質，從新手到達人都愛用！

No.4

● HARIO V60 紅銅金屬濾杯

這款濾杯是以不鏽鋼為主體。螺旋形的肋槽，注入的水流比較穩定，使咖啡粉能充分萃取。單一大口徑的濾孔，注水速度是萃取的關鍵，當注水快速時，萃取的咖啡液風味清淡；相反的注水緩慢時，咖啡液風味較濃厚，可視個人喜好調整。除了紅銅色，另有黑金、白金款。

單一濾孔設計

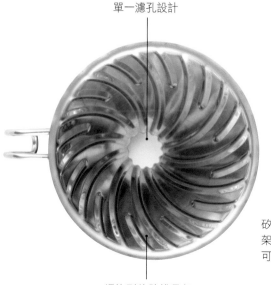

螺旋形的肋槽骨架，溝痕明顯。

黑金款濾杯，鍍合金。

稍微彎的把手，好拿好握。

白金款濾杯

矽膠製的底座（濾杯架），耐熱 180℃，可拆下來清洗。

螺旋形的肋槽骨架，溝痕明顯。

DATA
型號或規格→ VDM-02CP
形狀→ 圓錐形
濾孔→ 單孔
材質→ 杯身為不鏽鋼鍍銅，底座（濾杯架）為矽膠
份量→ 1 ～ 4 杯份
濾紙→ 適用 V60 02 濾紙
品牌→ 日本

No.5

初學者也能使用！從把手到底座的優美線條，展現職人的極致工藝。

● KALITA 波浪三孔不鏽鋼濾杯

除了銅製濾杯外，這款波浪形濾杯還有生產不鏽鋼材質的產品，杯身輕巧，同樣必須搭配波浪形（花瓣形或蛋糕形）濾紙使用。由於濾杯是平底，所以只要穩定注水不用繞圈，也易有良好的萃取率。

獨家三孔設計

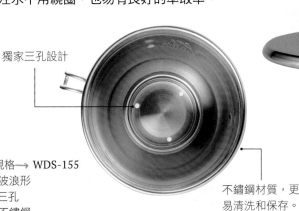

DATA
型號或規格→ WDS-155
形狀→ 波浪形
濾孔→ 三孔
材質→ 不鏽鋼
份量→ 1 ～ 2 杯份，另有 2 ～ 4 杯份（WDS-185）
濾紙→ 適用 KALITA 155 波浪形濾紙
品牌→ 日本

不鏽鋼材質，更易清洗和保存。

2 ～ 4 杯份的濾杯。

平底波浪形

台灣自製品牌，不需搭配濾紙，超級環保、省錢。

No.6

達人濾網

這是由台灣自己研發、製造的產品，細密的濾網有助於萃取出濃醇的咖啡液。不需搭配濾紙即可操作，不僅環保，而且還可以省下購買濾紙的費用。所有配件都是不鏽鋼製，好清理、易收納。需搭配濾架使用。

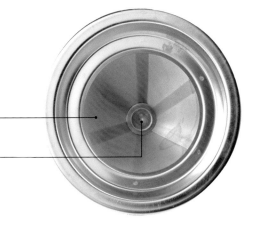

細密的濾網

單一濾孔

DATA
型號或規格→ No.3
形狀→ 圓錐形
濾孔→ 單孔
材質→ 不鏽鋼
份量→ 1 ～ 2 杯份，另有 2 ～ 4 杯份（No.4）
濾紙→ 免濾紙
品牌→ 台灣

● KINTO Carat 金屬錐形濾杯

玻璃與不鏽鋼的完美組合 可以欣賞咖啡萃取的過程！免用濾紙，環保且方便攜帶。

來自日本的超人氣免濾紙濾網。使用上建議粉、水比例 1：15，也就是 1g. 咖啡粉搭配 15ml 水，這樣萃取可以保留更多油脂。研磨度建議要比平時手沖研磨度略粗 0.5 ～ 1 格，或是先篩掉細粉，萃取時才不易塞住，口感也較純淨。金屬濾網部分，底部無孔洞，所以咖啡液只能由側邊流出，避免底部咖啡粉過度萃取。另有「金色款濾杯」。

不鏽剛蝕刻濾網

底部無濾孔

這是金色款！

外壁是透明的耐熱玻璃

基座也是不鏽鋼

DATA
型號或規格→ 21678
形狀→ 圓錐形
濾孔→ 單孔
材質→ 濾網、底座為不鏽鋼；外壁為耐熱玻璃；墊圈為矽膠
份量→ 1 ～ 4 杯份
濾紙→ 免濾紙
品牌→ 日本

● KINTO Slow Coffee Style 金屬濾網手沖組

極簡設計感與實用性兼具，品嘗清爽、乾淨風味咖啡的好器具。

最實用的免濾紙環保濾杯！以金屬濾網操作時，由於濾網的孔較密，容易被磨得過細的咖啡粉堵塞，使流速變慢，建議可將咖啡豆磨粗一點、提高注水溫度，或是在操作前先用篩粉器，篩出較細的粉。一般多搭配同組的玻璃下壺使用。用畢可以將濾網套入下壺中一起收納，節省空間。

DATA
型號或規格→ SCS-04-CJ-ST 600ml 27652
形狀→ 圓錐形
濾孔→ 單孔
材質→ 濾網為不鏽鋼；墊圈為樹脂
份量→ 4 杯（600ml），另有 2 杯（300ml）
濾紙→ 免濾紙
品牌→ 日本

濾網孔相當細密

No.9

Driver 不鏽鋼環保濾杯

雙層高密度濾網，一方面達到絕佳萃取度，提供更豐富的口感；一方面避免細粉流下玻璃壺產生渾濁口感。淺烘焙豆可以試著以金屬濾網沖泡，保留油脂風味，口感比較醇厚，類似法式濾壓壺沖泡的口感。建議搭配同品牌的不鏽鋼承架使用。

高密度細孔，不留殘渣，保留油脂風味。金屬濾網免用濾紙，好清洗、超環保。

DATA
型號或規格→ GB-FT115-TW
形狀→ 圓錐形
濾孔→ 無孔
材質→ 不鏽鋼
份量→ 2 ～ 4 杯份
濾紙→ 免濾紙
品牌→ 台灣

No.10

Uniflame 不鏽鋼咖啡濾架

這是用一根不鏽鋼絲製成，像是彈簧形狀的濾架，可以搭配 Uniflame 專用的圓錐形濾紙使用。由於容易收納、材質輕盈，方便在自家或攜帶外出時使用，具有高機能性。

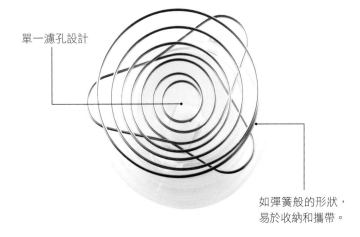

單一濾孔設計

如彈簧般的形狀，易於收納和攜帶。

DATA
型號或規格→ cute 664025
形狀→ 圓錐形
濾孔→ 單孔
材質→ 不鏽鋼
份量→ 1 ～ 2 杯份
濾紙→ 搭配 1 ～ 2 杯份的圓錐形濾紙
品牌→ 日本

No.11

🇹🇼 TIAMO K02 不鏽鋼咖啡濾杯

三孔濾孔位置分配平均，讓空氣更能流通，萃取更順暢。濾杯表面經霧面砂光處理，容易清理、不留痕跡。濾杯的內面為溝槽設計，使濾杯和濾紙間保有排氣的空隙。可搭配波浪形（蛋糕形）濾紙操作。另有鈦金款濾杯。

> 砂光款質感高雅，不鏽鋼材質，導熱性佳。

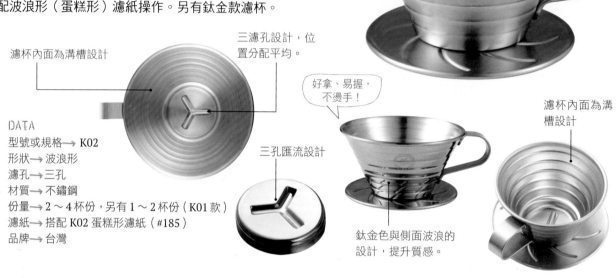

濾杯內面為溝槽設計

三濾孔設計，位置分配平均。

> 好拿、易握，不燙手！

三孔匯流設計

濾杯內面為溝槽設計

鈦金色與側面波浪的設計，提升質感。

DATA
型號或規格→ K02
形狀→ 波浪形
濾孔→ 三孔
材質→ 不鏽鋼
份量→ 2～4 杯份，另有 1～2 杯份（K01 款）
濾紙→ 搭配 K02 蛋糕形濾紙（#185）
品牌→ 台灣

No.12

> 導熱均勻，好清洗保養，易收納。不同顏色選擇多

🇹🇼 TIAMO V01 不鏽鋼圓錐咖啡濾杯

不鏽鋼材質導熱均勻，濾杯內緣直線散熱骨排溝痕（肋槽）的設計，可以引導注水順著圓錐中心流入，增加空氣流動，更能充分萃取咖啡成分。這款濾杯有玫瑰金、鈦金、不鏽鋼等色，以及 1～4 杯份（K02 款），可依個人需求選擇。

濾杯內緣是直線散熱肋槽骨排溝痕設計！

不鏽鋼 K02 款

DATA
型號或規格→ V01
形狀→ 圓錐形
濾孔→ 單孔
材質→ 不鏽鋼
份量→ 1～2 杯份，另有 1～4 杯份（K02 款）
濾紙→ 搭配 K01 圓錐形濾紙
品牌→ 台灣

陶瓷濾杯 CERAMIC
Coffee Dripper

沉穩的質感,堅固耐用,
保溫性佳、耐高溫、耐洗,CP 值高!

市面上有各式陶瓷濾杯,使用前,可先從型式判別差異性,此外,材質的差異也須考量。濾杯材質分有陶和瓷,因成分不盡相同,影響燒結的溫度。陶土的燒結溫度約 1100℃,白陶燒結溫度約 1200℃,白瓷燒結溫度約 1280℃ 以上,其燒結後影響材質的緻密度,導致坯體的差異,因此購買、使用前,可參考如下差異來判別。

	陶器	瓷器
坯色	土黃色	白色
吸水、透氣性（上釉後不影響）	較高	較低
保溫性	較低	較高
透明性	不透明	透明
敲打聲音	濁音	清脆

KALITA 與波佐見燒陶器聯名款,做工精緻。透明且薄,輕巧易拿取,堅固耐用好保存!

濾杯內側斜形肋槽骨架溝痕較立體,排氣和導流的效果好。

直排三孔濾滴設計

No.1

● HASAMI & KALITA 波佐見燒陶瓷濾杯

這是咖啡器具大廠 KALITA 與波佐見燒陶器（於長崎縣波佐見町燒製,可透光的高質感白瓷陶器）合作的濾杯,以高強度白瓷製作,杯體透明且薄,但不會影響保溫性。斜形肋槽刻痕清晰細緻,排氣效果佳。另有 HASAMI & KALITA & SNOOPY 限定款,以及 2～4 杯份款。

DATA
型號或規格→ HA101
形狀→ 扇形（梯形）
濾孔→ 三孔
材質→ 陶瓷
份量→ 1～2杯份,另有2～4杯份（102款）
濾紙→ 搭配扇形濾紙
品牌→ 日本

No.2

● KALITA 陶瓷扇形三孔濾杯

陶瓷材質具有極佳保溫性，把手好握，是 KALITA 的經典款商品。

KALITA 的經典款，超人氣濾杯之一！陶瓷製保溫性佳，可以避免溫度變化影響風味，但因導熱功能較差，因此沖泡咖啡前必須預澆熱水溫杯。三孔濾滴的設計，保留咖啡豆的原始風味。厚實寬大的把手，易握好操作。另有 2～4 杯份（102 款），顏色還有白色、咖啡色款。

DATA
型號或規格→ 101
形狀→ 扇形（梯形）
濾孔→ 三孔
材質→ 陶瓷
份量→ 1～2 杯份，另有 2～4 杯
　　　份（102 款）
濾紙→ 搭配 KALITA 101 濾紙
品牌→ 日本

三孔濾滴設計，即使一孔被細粉堵塞，仍能順暢流至下壺。

咖啡色款市占率極高。

● ZERO JAPAN 陶瓷扇形雙孔濾杯

No.3

極簡洗鍊的杯體＋優雅弧線的把手設計，如同工藝品，兼具視覺與實用功能。

這款線條圓滑，簡約風格的濾杯，是在日本岐阜縣美濃地區，以優質的天然黏土製造，具有良好的保溫性。由於濾杯底座有透視孔的設計，即使將濾杯直接放在杯子上沖泡咖啡，也能看到萃取量的水位，非常方便。一體成型的弧線把手不僅好握，更添整體質感。另有 1～2 杯份（BKK-15S 款），顏色還有黑、綠、藍、黑、咖啡和蕃茄紅等。

由上方看濾杯，杯緣比一般扇形濾杯更接近圓的立體感。

一體成型的弧線把手，好握、不燙手，優雅美觀。

底部的肋槽往兩側延伸

DATA
型號或規格→ BKK-15L
形狀→ 扇形（梯形）
濾孔→ 雙孔
材質→ 陶瓷
份量→ 2～4 杯份，另有 1～2
　　　杯份（BKK-15S 款）
濾紙→ 搭配扇形濾紙
品牌→ 日本

No.4

● HARIO V60 陶瓷杯

獨特的圓錐形杯體設計，需搭配專門的濾紙使用。水流速度相對略快，可以增加咖啡粉量，或將咖啡豆研磨度略調細些，以增進風味。這款濾杯可以表現出淺烘焙豆～中淺烘焙豆的明亮風味與清爽口感。螺旋（漩渦）肋槽使排氣效果佳，可促進咖啡的萃取。此外，另有 1 ～ 2 杯份，顏色還有白、紅、咖啡色款，材質則有樹脂、玻璃、金屬可供選擇。曾獲得日本 Good Design Award 設計獎。

HARIO 獨特的圓錐單孔濾杯，幫助萃取底部的咖啡粉。大口徑圓形濾孔設計，讓水流流暢。

1 ～ 2 杯份白色款濾杯（VDC01 款）

DATA
型號或規格→ VDC-02
形狀→ 圓錐形
濾孔→ 單孔
材質→ 陶瓷
份量→ 1 ～ 4 杯份，另有 1 ～ 2 杯份（VDC01 款）
濾紙→ 搭配 V60 02 濾紙
品牌→ 日本

螺旋肋槽骨架使排氣效果佳，可促進咖啡的萃取。

單一大孔徑濾孔，水流順暢。

追求理想的水流與萃取時間為設計特色，任何人都能迅速上手，初學者亦可用的濾杯！

No.5

■ MELITTA 陶瓷單孔濾杯

來自德國的 MELITTA 單孔扇形濾杯，是以追求「每個人都能沖泡出美味的咖啡」為目標，即便初學者也能迅速上手。一線濾杯型態設計，使濾杯內底部直線肋槽與濾紙摺邊間有些許空隙，避免遮蓋濾孔，可使萃取咖啡液時更順暢。另有 2 ～ 4 杯份（SF-T 1×2 款）。

一線濾杯型態的單孔設計

DATA
型號或規格→ SF-T 1×1
形狀→ 扇形（梯形）
濾孔→ 單孔
材質→ 陶瓷
份量→ 1 ～ 2 杯份，另有 2 ～ 4 杯份（SF-T 1×2 款）
濾紙→ 搭配扇形濾紙
品牌→ 德國

直線肋槽與濾紙間有些許空隙，可使萃取咖啡液時更順暢。

● KINTO 單孔陶瓷濾杯

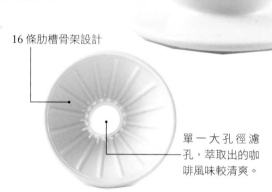

日本家居品牌 KINTO 慢活咖啡生活系列（Slow Coffee Style）商品。單一濾孔設計，萃取出的咖啡風味較清爽。無把手設計，可直接架在咖啡杯或馬克杯上操作，不過操作完要拿開濾杯時，要小心燙到手。

無把手簡約風設計

DATA
型號或規格→ SCS-04-BR-WH
形狀→ 圓錐形
濾孔→ 單孔
材質→ 陶瓷
份量→ 4 杯份，另有 2 杯份（SCS-02-BR-WH 款）
濾紙→ 搭配圓錐形濾紙或金屬濾網
品牌→ 日本

16 條肋槽骨架設計

單一大孔徑濾孔，萃取出的咖啡風味較清爽。

白色 2 杯份濾杯
（SCS-02-BR-WH 款）。

● Meister Hand UN CAFÉ 系列陶瓷濾器

杯壁材質厚實卻輕巧，好拿取、易清洗和收納。

Meister Hand 在德文中有「工匠之手」之意。UN CAFÉ 系列是以「一杯咖啡」為構想，設計出陶瓷濾杯＋陶瓷馬克杯的組合。此濾杯是質輕的白雲土陶瓷製，濾杯的肋槽共有 12 條，分成兩個方向：一是由上往下，長度約濾杯深度的 1/3；另一則是由下往上，比較長，約濾杯深度的 3/4。此外，一線濾杯型態設計，使濾杯內底部直線肋槽與濾紙摺邊間有些許空隙，避免遮蓋濾孔，可使萃取咖啡液時更順暢。另有綠色、紅色、咖啡色、橘色、粉膚色、藍綠色、粉橘色和櫻花粉等，選擇超多！

單一濾孔的一線濾杯型態設計。

杯體厚實，保溫性佳。

同色濾杯＋馬克杯，符合「一杯咖啡」設計的理念。

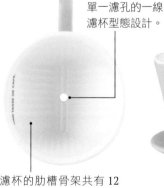

DATA
型號或規格→ 236932
形狀→ 扇形（扇形）
濾孔→ 單孔
材質→ 陶瓷
份量→ 1 ～ 2 杯份
濾紙→ 搭配扇形濾紙
品牌→ 日本

濾杯的肋槽骨架共有 12 條，分成由上往下、由下往上兩個方向。

斜長形把手，方便握取不會燙到。

No.8 ● UN CAFÉ 陶瓷錐形濾杯

UN CAFÉ 系列是以「一杯咖啡」為構想，進而設計出陶瓷濾杯＋陶瓷馬克杯的組合。以質輕的白雲土陶瓷製造，即便整體看似厚實，但卻非常輕巧，方便操作。相較於扇形濾杯，此款錐形濾杯萃取的咖啡液風味較清爽、平順。另有藍色、粉膚色、紅色等。

白雲土陶瓷製，極輕材質手感佳。咖啡液風味較清爽、平順，無雜味。

濾杯的肋槽共有 12 條，分成由上往下、由下往上兩個方向。

單一大孔徑濾孔的一線濾杯型態設計

粉膚色款錐形濾杯

藍色款錐形濾杯

藍色錐形濾杯＋藍色馬克杯＝一杯咖啡的構想。

DATA
型號或規格→ 236182
形狀→ 圓錐形
濾孔→ 單孔
材質→ 陶瓷
份量→ 1～2 杯份
濾紙→ 搭配圓錐形濾紙
品牌→ 日本

喜愛雜貨風的咖啡愛好者不可錯過！

No.9 ● Meister Hand La cuisine 系列北歐青鳥濾杯日本陶器 2 人份

Meister Hand（工匠之手）La cuisine 系列，以青鳥圖案為主設計的雜貨風濾杯。陶瓷製，保溫性佳。

三個濾孔處有直線肋槽切割

DATA
型號或規格→ 06110
形狀→ 扇形
濾孔→ 三孔
材質→ 陶瓷
份量→ 1～2 杯份
濾紙→ 搭配扇形濾紙
品牌→ 日本

BONAVITA NEXT WAVE 大號 4 洞蛋糕濾杯

No.10

此款濾杯是台灣陶藝大師的精心創作，濾杯內壁環型凸起肋槽搭配波浪形（蛋糕形）濾紙，排氣效果佳。四孔均勻滴漏，使萃取過程維持在最佳狀態。厚質杯壁，保溫性極佳，有利於控制沖泡溫度。另有影青玉、蜜蠟珀、黑曜金等色。

台灣陶藝大師設計與製作的平底錐形濾杯，厚質杯壁，保溫性極佳！

DATA
型號或規格→ B002-1（晨露白大號 4 洞）
形狀→ 平底圓錐形
濾孔→ 四孔
材質→ 高溫陶瓷
份量→ 2～4 杯份，另有 1～2 杯份（B001-1 小號 4 洞款）
濾紙→ 搭配 BONAVITA NEXT WAVE 波浪形（蛋糕形）濾紙
品牌→ 美國

四個濾孔

獨特的簡約風設計，視覺美與實用性兼具。單一大圓形濾孔，咖啡風味較醇厚。

● TORCH 甜甜圈單孔濾杯

No.11

以質輕白瓷土製作的美濃燒甜甜圈濾杯非常輕巧，倒圓錐扇（梯）形濾杯套上木質甜甜圈形狀的底座（如同較深的圓桶）。木製底座較寬，可以搭配多種杯子使用。杯壁階梯水平肋槽。單一大圓形濾孔，注水得以自然流下，不會囤積於杯內底部。另有 1～3 杯份，濾杯顏色還有白色，木底盤也有其他顏色。

木製底座較寬，可以搭配多種杯子使用。

木製甜甜圈底座。

單一大孔徑濾孔，可使熱水自然下流，不堵塞。

杯壁階梯水平肋槽

DATA
型號或規格→ 無
形狀→ 倒圓錐扇（梯）形
濾孔→ 單孔
材質→ 杯身為陶瓷，底座為木
份量→ 1～2 杯份，另有 1～3 杯份（款）
濾紙→ 搭配 KALITA 103 濾紙
品牌→ 日本

使用建議 User's Voice

甜甜圈濾杯濾紙特殊摺法 ///
摺法可參照插圖，按照步驟摺摺看吧！

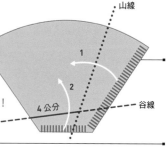

山線

谷線

4 公分

No.12

🇹🇼 TIAMO 101 陶瓷咖啡濾器組

陶瓷製濾杯，減緩溫度的變化，保溫性佳。

濾杯內壁肋槽線條刻紋清晰，發揮良好的排氣效果，萃取到完美的咖啡風味。陶瓷製，減緩溫度的變化，保溫性佳，因此建議溫杯的步驟絕不可少。三孔濾孔設計，即使其中一孔堵塞淤積，另兩孔仍能發揮作用。1～2 杯份最適合單身貴族或頂客族使用，非常方便。另有藍色、橘色、黃色等。

三孔濾孔設計，即使其中一孔堵塞，另外兩孔仍能發揮作用。

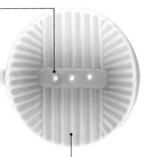

44 條縱向肋槽骨架溝痕清晰，發揮良好的排氣效果。

厚實的陶瓷材質，保溫性佳。

黃色款陶瓷咖啡濾器組，易掌控的把手。

DATA
型號或規格→ 101
形狀→ 扇形（梯形）
濾孔→ 三孔
材質→ 陶瓷
份量→ 1～2 杯份，另有 2～4 杯份（102 款）
濾紙→ 搭配 TIAMO 101 濾紙
品牌→ 台灣

堅固、寬大把手易握好拿，不怕燙手。可搭配各式杯子、玻璃壺使用，極具便利性。

No.13

🇹🇼 TIAMO V01 花漾陶瓷咖啡濾器組

直線圓錐形、單一大濾孔設計，注水會順著圓錐中心流入，延長粉和水接觸的時間，達到充分萃取。濾杯壁內部有 12 條全長、12 條由上至下的小肋槽，加強排出熱氣。濾杯口優雅的花朵造型，加上另有紅色、白色、咖啡色等，選擇性多！另還有 2～4 杯份（V02 款）。

從上往下看，濾杯口如花朵綻放般。

單一大濾孔，能更順暢萃取出咖啡液。

粉嫩的藍色款濾杯，年輕女性的最愛！

好握好拿的寬大把手。

DATA
型號或規格→ V01
形狀→ 圓錐形
濾孔→ 單孔
材質→ 陶瓷
份量→ 1～2 杯份，另有 2～4 杯份（V02 款）
濾紙→ 搭配 TIAMO V01 濾紙
品牌→ 台灣

🇹🇼 TIAMO V01 陶瓷咖啡濾器組

特殊設計肋槽，具有良好的排氣效果。
杯身貼花圖案，造型優雅。

陶瓷材質具有良好的保溫和耐熱功能，以保存咖啡的香氣
與風味。圓錐形設計，少量咖啡粉充分萃取。濾杯壁內部
有 12 條全長、12 條由上至下的小肋槽，加強排出熱氣。此
外，杯身貼花圖案，造型優雅。另有紫色、紅色、綠色、
藍色等，還有 2 ～ 4 杯份（V02 款）。

DATA
型號或規格→ V01
形狀→ 圓錐形
濾孔→ 單孔
材質→ 陶瓷
份量→ 1 ～ 2 杯份，另有 2 ～ 4 杯份（V02 款）
濾紙→ 搭配 TIAMO V01 濾紙
品牌→ 台灣

單一大濾孔，更順暢
萃取出咖啡液。

紅色濾杯，
把手寬度可
輕鬆操作。

一體成型優雅造型長柄把手，
兼具實用與美觀。

🇹🇼 TIAMO V01 長柄陶瓷咖啡濾器

陶瓷材質具有良好的保溫和耐熱功能，以保存咖啡的
香氣與風味。圓錐形設計，可適度增加粉量或研磨略
細，以增加萃取率。濾杯壁內部有 12 條全長、12 條由
上至下的小肋槽，加強排出熱氣。此外，一體成型優
雅長柄把手，好握不燙手。另有紅色、白色等，還有 2 ～
4 杯份（V02 款）。

堅固的長把手，
實用且美觀。

杯身外側水平寬紋路，
更添質感。

單一大濾孔，更順暢
萃取出咖啡液。

DATA
型號或規格→ V01
形狀→ 圓錐形
濾孔→ 單孔
材質→ 陶瓷
份量→ 1 ～ 2 杯份，另有 1 ～ 4
杯份（V02 款）
濾紙→ 搭配 TIAMO V01 濾紙
品牌→ 台灣

No.16 🇹🇼 TIAMO 陶瓷三孔 WAVE 濾杯

陶瓷材質，耐熱與保溫效果佳。底部三個濾孔平均分佈，可達到平均沖泡咖啡粉的效果，完美萃取咖啡風味。須搭配專用的蛋糕形（波浪形）濾紙使用。另有咖啡色、紅色、白色等，還有 1～4 杯份（K02 款）。

平底、圓形、三孔設計，須搭配專用的蛋糕形（波浪形）濾紙使用。

平底、圓形、三孔設計。

DATA
型號或規格→ K01
形狀→ 波浪形
濾孔→ 三孔
材質→ 陶瓷
份量→ 1～2 杯份，另有 1～4 杯份（K02 款）
濾紙→ 搭配蛋糕形濾紙 1～2 人份 #155
品牌→ 台灣

底部三個濾孔平均分佈，可達到平均沖泡咖啡粉的效果。

No.17 🇹🇼 TIAMO V02 陶瓷雙色咖啡濾杯

螺旋圓錐形設計，注水會順著圓錐孔流入，延長咖啡粉和水接觸的時間。螺旋肋槽另可幫助排除熱氣，達到最佳萃取。有咖啡色、紅色、藍色、粉紅色等，還有 1～2 杯份（V01 款）。

亮麗雙色搭配，螺旋圓錐形設計。

螺旋肋槽另可幫助排除熱氣

濾杯內壁與外側為雙色設計！

DATA
型號或規格→ V02
形狀→ 圓錐形
濾孔→ 單孔
材質→ 陶瓷
份量→ 1～4 杯份，另有 1～2 杯份（V01 款）
濾紙→ 搭配 TIAMO V02 濾紙
品牌→ 台灣

No.18 🇹🇼 TIAMO 皇家描金陶瓷咖啡濾杯壺組

三濾孔的設計，讓空氣更能流通，不用擔心咖啡粉堵塞淤積。杯緣、杯子外側字體皆描上金邊或字母裝飾，素雅純白瓷器，搭配同系列咖啡壺更顯質感優雅，送禮、自用皆宜。

保溫性、耐熱性佳。描金邊設計，優雅大方。

DATA
型號或規格→ 102
形狀→ 扇形（梯形）
濾孔→ 三孔
材質→ 陶瓷
份量→ 1～4 杯份
濾紙→ 搭配 TIAMO 102 濾紙
品牌→ 台灣

樹脂濾杯 PLASTIC

輕巧易攜帶、透明好觀察、操作簡單，
價格比較便宜，推薦入門新手使用。

樹脂濾杯（即塑膠，像是壓克力樹脂、PP 樹脂、AS 樹脂等）價格較便宜，是一般人，尤其是新手最容易入門且上手的濾杯，市面上產品非常多。它的保溫性佳，不過操作前「溫杯」步驟不可少。輕巧、透明的材質，不僅容易攜帶、不易破損，可以直接放在下壺上，確認萃取的液體量，同時也能充分享受沖泡咖啡的樂趣。此外，容易收納，但記得操作時避免放在熱源附近。

No.1

新三孔雙層樹脂濾杯，雙層結構設計，具良好的防燙及保溫效果。

● KALITA Dual Dripper 雙層咖啡濾杯

雙層結構設計，提高防燙和保溫效果，內部（黑色部分）是傳統的 102 扇形濾杯狀，所以適用 102 系列的濾紙，外面則以圓弧形包覆。三孔濾滴設計，濾孔旁新增加了幾道短肋槽，可以避免濾紙緊貼底部，使水流更順暢。另有藍綠色、黃色、粉紅色等，色彩繽紛，選擇性多。

三孔濾滴設計

無把手設計，外形
簡潔俐落！

外面以圓弧形包覆，具
有保溫、防燙效果。

芒果黃色款濾杯，
亮眼討喜。

DATA
型號或規格→ 102
形狀→ 扇形（梯形）
濾孔→ 三孔
材質→ 樹脂
份量→ 2 ～ 4 杯份
濾紙→ 搭配 KALITA 102 濾紙
品牌→ 日本

No.2 ● HARIO V60 樹脂圓錐濾杯

2005 年推出以來，此款濾杯是 HARIO 最經典、普及率最高的濾杯，樹脂材質價格較便宜，是手沖咖啡新手最適合且常選用的濾杯。螺旋狀肋槽結構，使咖啡粉得以充分膨脹。單一較大的濾孔，注水可以順暢無阻往下流。此外，因水流速度比扇形濾杯稍快，須避免注水太快，導致咖啡粉未充分萃取。另有透明款。

HARIO 最經典、普及率最高的濾杯。2007 年 Good Design Award 得獎作品。

DATA
型號或規格→ VD-01
形狀→ 圓錐形
濾孔→ 單孔
材質→ 樹脂
份量→ 1～2 杯份，另有 1～4 杯份
濾紙→ 搭配 HARIO 01 濾紙
品牌→ 日本

單一較大的濾孔，注水可以順暢無阻往下流。

No.3 ● KŌNO 名門錐形濾杯

結合濾紙與法蘭絨的醇厚口感，咖啡達人最愛的濾杯之一！

12 條短導水肋槽＋單一大孔徑濾孔。

與 HARIO V60 圓錐濾杯齊名的 KŌNO 名門錐形濾杯，杯內下部有 12 條短導水肋槽，比一般濾杯的肋槽短，僅有濾杯的 1/2～1/3 長，使得濾紙可以和上半部貼合，注水只能由下半部的肋槽處流出；可以減緩流速，增加粉水接觸時間，提升萃取率，咖啡風味較醇厚。另有紅色、綠色、黑色、白色、粉紅色、紫色、藍色等。

DATA
型號或規格→ MD
形狀→ 圓錐形
濾孔→ 單孔
材質→ 樹脂
份量→ 1～2 杯份，另有 2～4 杯份（款）
濾紙→ 搭配 KŌNO 1～2 人用濾紙
品牌→ 日本

No.4 Mr.Clever 聰明濾杯

傻瓜式操作，新手也能降低失敗率的方便濾杯！

兼具手沖濾杯與法式濾壓壺的優點，沖泡的咖啡風味更加純淨。相對於手沖來說，聰明濾杯是較穩定的萃取方式，而且沖泡方式容易學，技術門檻低，相反的穩定度卻很高，依然可將咖啡風味的層次表現出來。即使沒有手沖壺，直接以開飲機注水，只要掌控好浸泡時間，也可以沖泡出美味的咖啡。各種烘焙度的咖啡豆都適用。以進口最新 Tritan 專利材質環保樹脂製作。另有透明鐵灰、紅色、綠色、黑色、粉紅色、深藍色、咖啡色等。

DATA
型號或規格→ 70777S
形狀→ 扇形（梯形）
濾孔→ 單孔
材質→ 樹脂
份量→ 1～4 杯份（S 號），另有 1～7 杯份（L 號）
濾紙→ 搭配聰明濾杯專用濾紙
品牌→ 台灣

玻璃濾杯 GLASS

耐高溫、好清洗,透明材質
有利於確認注水和萃取的液體量。

透明材質方便確認萃取的液體量,並能充分享受沖泡咖啡過程的樂
趣。此外,玻璃濾杯耐高溫、保溫性佳、堅固耐用,而且不會受到
洗滌清潔劑的腐蝕、易擦拭,放在乾燥處收納即可。

No.1

● KALITA 三孔玻璃波浪形濾杯

此款濾杯最大特色在於底部平坦,降低注水、佈
水不均的影響,同時此款濾杯並無排氣肋槽設
計,而是利用波浪形濾紙的 20 個排氣波浪,讓
排氣順暢,萃取也更加均勻。另有紅色、黃色等,
以及 2～4 杯份(185 款)。

> 三濾孔均分於濾杯平坦底部,
> 搭配波浪形濾紙的排氣,
> 新手&達人都有成就感。

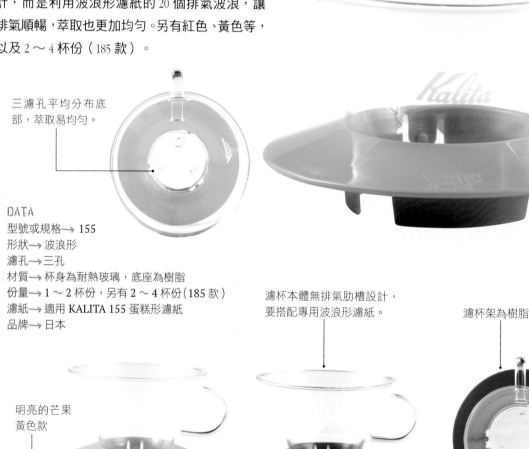

三濾孔平均分布底
部,萃取易均勻。

DATA
型號或規格→ 155
形狀→ 波浪形
濾孔→ 三孔
材質→ 杯身為耐熱玻璃,底座為樹脂
份量→ 1～2 杯份,另有 2～4 杯份(185 款)
濾紙→ 適用 KALITA 155 蛋糕形濾紙
品牌→ 日本

濾杯本體無排氣肋槽設計,
要搭配專用波浪形濾紙。

濾杯架為樹脂

明亮的芒果
黃色款

No.2

● HARIO V60 玻璃圓錐形濾杯

此款濾杯與傳統梯形濾杯，最大不同在於濾孔較大，底部無死角，流速順暢，搭配螺旋形肋槽的設計，增長濾徑，讓咖啡風味更清楚呈現。通常多與玻璃下壺整組販售，另有紅色、綠色等。

近年最暢銷的一款濾杯，容易將咖啡風味與層次展現開來！

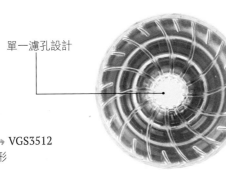

單一濾孔設計

紅色款濾杯

DATA
型號或規格→ VGS3512
形狀→ 圓錐形
濾孔→ 單孔
材質→ 杯身為玻璃，底座為矽膠
份量→ 1 ～ 2 杯份，另有 2 ～ 4 杯份（102 款）
濾紙→ 適用 HARIO V60 濾紙
品牌→ 日本

耐熱效果佳，經典 V60 濾杯，顏色選擇多！

No.3

● HARIO V60 玻璃錐形單孔濾杯

最大的特色在於濾杯的 60 度角。透明玻璃的材質，方便確認萃取的液體量，並能充分享受沖泡咖啡過程的樂趣。另有黑色、白色等，以及 1 ～ 4 杯份（VDG-01R 款）。

螺旋形的肋槽，溝痕明顯。

透明＋白色的清爽組合。

DATA
型號或規格→ VDG-02R
形狀→ 圓錐形
濾孔→ 單孔
材質→ 杯身為耐熱玻璃，底座為樹脂
份量→ 1 ～ 2 杯份，另有 1 ～ 4 杯份（VDG-01R 款）
濾紙→ 適用 HARIO V60 濾紙
品牌→ 日本

樹脂把手隔熱效果佳

71

🇺🇸 NOTNEUTRAL GINO 玻璃雙層濾杯

這一型濾杯排除因人為操作的穩定度問題,導致萃取不均的可能性,使用花瓣形(同使用 KALITA 185 波浪形濾紙)濾紙波浪狀的空隙設計,取代肋槽排氣功能,同時建議將研磨度調整為比中研磨再略粗一些,所以注水時不需繞「の」字形,只需於濾杯中間分次穩定注水即可。

雙層隔熱保溫杯,玻璃一體成型結構與三孔設計,簡約、時尚的設計感。

DATA
型號或規格→無
形狀→波浪形
濾孔→三孔
材質→杯身為耐熱玻璃,墊圈為橡膠
份量→1 ～ 4 杯份
濾紙→適用 KALITA 185 波浪形濾紙
品牌→美國

使用雙層玻璃,濾杯的均溫性更佳。

圓錐大濾孔設計,只要稍加練習佈水穩定,容易將咖啡風味與層次展現開來。

🇹🇼 TIAMO V 型滴漏咖啡濾杯

水流速度相對略快,可以增加咖啡粉量,或將咖啡豆研磨度略調細些,以增進風味。同時建議 01 型沖泡 1 人份約 180 ～ 240ml,02 型沖泡 2 人份約 360 ～ 480ml 為佳。這一型濾杯可以表現中烘焙～中深烘焙豆的明亮風味與清爽口感。另有白色、紅色、黑色、黃色等,以及 2 ～ 4 杯份(V02 款)。

螺旋紋肋槽溝痕清晰,增加排氣。

DATA
型號或規格→ V01
形狀→圓錐形
濾孔→單孔
材質→杯身為耐熱玻璃,底座為樹脂
份量→1 ～ 2 杯份,另有 2 ～ 4 杯份(V02 款)
濾紙→適用圓錐形濾紙
品牌→台灣

單一大孔徑濾孔,水流不堵塞,順暢萃取咖啡液。

樹脂濾杯架、把手。

其他濾杯 OTHER

Coffee Dripper

嘗試其他材質的濾器，
找出自己最喜愛的咖啡風味！

除了前面介紹的金屬、陶瓷、樹脂和玻璃等材質
的濾杯、濾網以外，市面上還有一些特殊材質或
形狀的濾器，像以下一體成型的咖啡濾壺、矽膠
濾杯，都能提供更多選擇。

No.1 ▅▅ CHEMEX 經典手沖咖啡濾壺

如化學實驗室燒瓶般的設計，純玻璃製沙漏形咖啡
壺，附有拋光原木把手和固定用的皮繩。這款壺的
設計特點，是將排氣導流壺嘴與出水口合而為一，
沖泡時，濾紙摺疊較厚處須與出水口同邊，摺疊處
不可堵住導流壺嘴處，以免因排氣不順而影響萃取
速度。壺身有一凸點，被 CHEMEX 的粉絲們暱稱為
「肚臍」，這不是產製時的瑕疵，而是沖泡時的容
量標記點。必須搭配專用的過濾紙操作。

從實驗室誕生的一體成
型咖啡壺，美國 MOMA 列
為永久收藏作品！

這是沖泡時的容量
標記點：肚臍。

如玻璃燒瓶般
濾器與下壺一
體成型的設計。

木製套環，手
握時不會燙。

以皮繩固定套環。

DATA
型號或規格→ CM-6A
形狀→ 圓錐形
濾孔→ 無孔
材質→ 壺身為玻璃，套環為木製、皮繩
份量→ 6 杯份，另有 3 杯份
濾紙→ 搭配 CHEMEX FS-2 濾紙（6～10 人份）
品牌→ 德國

No.2 ▅▅ TIAMO K 型矽膠摺疊濾杯

三濾孔設計，可避免咖啡粉堵塞以及過度萃取。矽膠
材質可隨意摺疊，調整大小和形狀，因應不同人數使
用。壓成一片收納不佔體積，在家或外出攜帶都很方
便。杯壁導流紋路設計，幫助排氣。

摺疊外出攜帶超方便，
高機能性濾杯！

附掛耳，有利於攜帶和收納。

三濾孔設計，避免
堵塞影響萃取。

柔軟輕巧的矽膠材質，
輕鬆摺疊攜帶。

DATA
型號或規格→ HG2327
形狀→ 波浪形
濾孔→ 三孔
材質→ 矽膠
份量→ 1～4 杯份
濾紙→ 搭配 TIAMO 102 濾紙
品牌→ 台灣

圖中濾紙與濾紙架從上至下分別為：

Meister Hand La cuisine 系列北歐青鳥濾紙架、BONAVITA 無漂白扇形濾紙、伊萬里燒「咖啡道」濾紙架、KALITA 102 無漂白扇形濾紙。

Coffee Filter
扇形濾紙 CONE-TYPE

啡濾紙（Coffee Filter）是以木材製作而成，市面上的濾紙主要分為無漂白濾紙和酵素漂白濾紙。無漂白濾紙接近淺棕色，建議在使用前先以熱水沖洗濾紙，這樣可以去除濾紙的味道，讓沖泡出來的咖啡風味更純淨，木材味道不會滲入咖啡中。酵素漂白濾紙則是將濾紙以酵素（生物活性酶）漂白，如果使用酵素漂白濾紙，可以省略淋濕濾紙這個步驟，尤其像 KŌNO、KINTO、CHEMEX 的濾紙，比其他廠牌的濾紙更厚，蓄水能力較飽滿、流速也相對較慢、過濾能力較強，這些是手沖時不可忽視的變數。以形狀來分，則有：扇形（梯形）、圓錐形、蛋糕型（波浪形或花瓣形）和其他形狀。

No.1

● **KINTO Slow Coffee Style 01 酵素漂白扇形濾紙**

棉漿製。酵素漂白濾紙，可以省略淋濕濾紙。這款濾紙比較厚，蓄水能力較飽滿，流速較慢，過濾能力較強，萃取的咖啡液口感較醇厚。

蓄水能力較飽滿，流速較慢。

DATA
形狀→ 扇形（梯形）
重量→ 1.118g
厚度→ 約 0.33mm
品牌→ 日本

No.2

● **KALITA 102 無漂白扇形濾紙**

100% 純天然原木漿，日本 KALITA 原裝進口，適用各廠牌 101 扇形濾杯。

DATA
形狀→ 扇形（梯形）
重量→ 1.1g.
厚度→ 約 0.13mm
品牌→ 日本

No.3

■■■ **MELITTA 03 無漂白扇形濾紙**

德國原裝進口無漂白濾紙，無紙漿味道，減少對咖啡原味的破壞，原廠盒裝具有防潮作用，通用 102 扇形濾杯及小型聰明壺。

DATA
形狀→ 扇形（梯形）
重量→ 1.78g.
厚度→ 約 0.14mm
品牌→ 德國

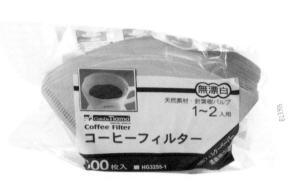

No.4

TIAMO 01、02 無漂白扇形濾紙

日本進口，採 100% 純針葉樹紙漿製成，呈現自然紙漿原色，無漂白，可減少對咖啡原味的破壞。適用於滴漏式咖啡濾器，可充分萃取底部咖啡。

02 濾紙（左）、01 濾紙（右）

DATA
形狀→ 扇形（梯形）
重量→ 0.77g.（01）、1.25g.（02）
厚度→ 約 0.15 ～ 0.17mm
品牌→ 台灣

No.5

●■ **KŌNO 01 無漂白扇形濾紙**

邊緣光滑平整，封邊壓痕整齊，分佈均勻的紋理，濾紙質地不薄也不厚，濾水性中強，注水時和濾杯貼合性非常理想。

DATA
形狀→ 扇形（梯形）
重量→ 1.078g.
厚度→ 約 0.20mm
品牌→ 日本

Coffee Filter

圓錐形濾紙 V-TYPE

No.1 ▆ TIAMO 01、02 酵素漂白圓錐形濾紙

日本原裝進口，100% 原木漿製作，以酵素漂白，搭配 V01 系列咖啡濾器使用，可充分萃取咖啡。

01 濾紙。

02 濾紙。

DATA
形狀→ 圓錐形
重量→ 0.83g.（01）、1.22g.（02）
厚度→ 約 0.15 ～ 0.18mm
品牌→ 台灣

No.2

● HARIO 01、02 無漂白圓錐形濾紙

無添加任何螢光物質、甲醛、石碳酸等有害人體的物質，使用 100% 純天然原木漿且不含螢光劑，能均勻充分浸泡萃取咖啡精華，適合 1 ～ 4 人份 V60 圓錐形濾杯或美式咖啡機使用。

DATA
形狀→ 圓錐形
重量→ 0.85g.（01）、1.078g.（02）
厚度→ 約 0.19 ～ 0.21mm
品牌→ 日本

印有 FSC 標誌的紙漿，表示木材是來自森林，不是從原始森林肆意砍伐，且伐木商須依國家規定種植回指定數量的樹木，以補償被砍伐的原始森林。FSC 分三種：100%、Mix（Mixed Sources）、Recycled。HARIO 濾紙是「Mix」等級，也就是在產品中的木材至少 70% 是從 FSC 認證材料或回收材料，和 30% 的被控制木材。

Coffee Filter
波浪形濾紙
BASKET TYPE

No.1

紙張皺摺硬挺、立體。

● KALITA WAVE 155、185 型無漂白濾紙

將甘蔗渣纖維填充的紙漿漂白後製成，WDS-155 為 1 ～ 2 人用，WDS-185 為 2 ～ 4 人用。日本 KALITA 原裝進口，環保又健康，不含螢光劑，可適用於美式咖啡機。

Detail

DATA
形狀→ 波浪（蛋糕）形
重量→ 1.0g.（WDS-155）
厚度→ 約 0.15mm
品牌→ 日本

No.2

散熱效果佳，保留咖啡原味。

■ TIAMO K01 無漂白蛋糕杯濾紙 155 型、K02 185 型

天然針葉樹原料製成，能充分萃取底部咖啡，減少對咖啡原味的破壞。搭配 TIAMO 最新款 K 型濾杯使用最佳，濾紙採蛋糕形設計，散熱溫度優。

DATA
形狀→ 波浪（蛋糕）形
重量→ 0.092g.（K01 155 型）
厚度→ 約 0.12 ～ 0.15mm
品牌→ 台灣

Coffee Filter 其他 OTHER

No.1

TIAMO 丸形濾紙 3、6、9 號

採英國進口優質濾紙，可充分將底部咖啡完全萃取，適用於義式摩卡壺或冰滴咖啡器，效果更勝一籌，咖啡沖泡出來原味不變。

> 摩卡壺、冰滴咖啡器專用。

DATA
形狀→ 丸形
厚度→ 約 0.15mm
直徑→ 56mm（3 號）、60mm（6 號）、68mm（9 號）
品牌→ 台灣

> 可重複使用，環保度高。

No.2

FLATEX 扇形、圓錐形金屬濾網

以極細 0.018mm 不鏽鋼製造，無需擔心紙味或其他異味，咖啡質感可以被更完整的保留下來，和同類型金屬濾網相比，殘留的細粉最少。容易清洗，可快速乾燥。

DATA
形狀→ 扇形（梯形）、圓錐形
厚度→ 約 0.018mm
品牌→ 韓國

No.3

FLATEX 扇形金屬濾網

304 高級不鏽鋼濾網，不需要搭配濾紙使用，也省錢且環保，能保留住更多的咖啡油脂，口感更濃。

> 可搭配濾架、CHEMEX 玻璃壺使用。

DATA
形狀→ 扇形（梯形）
厚度→ 約 0.018mm
品牌→ 韓國

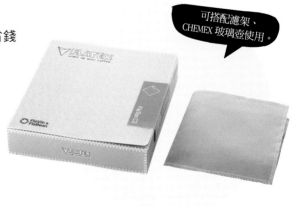

濾紙架
COFFEE FILTER HOLDER

濾紙架、濾紙座（Coffee Filter Holder）是專門用來收納濾紙，保持濾紙潔淨，以及排放整齊，使用時方便拿取的器具。另有附開蓋的濾紙盒，可依需求選購。

No.1

融合日本與西方的設計。

● LUCKY CREAMS 伊萬里燒「咖啡道」濾紙架

以特殊的陶器燒製法製作，因為是由伊萬里港運至日本各地而得名。正反兩面不同的圖案：一面是掛著荷蘭國旗的帆船，一面是 18 世紀西方人的模樣，搭配傳統燒製法，是融合了日本與西方的設計。

DATA
材質→陶瓷
張數→約 50 張
品牌→日本

No.2

● HARIO VPS-100W 陶瓷濾紙座

顏色、質感優雅。底部有點傾斜設計，方便拿取濾紙。可收納約 100 張扇形或圓錐形濾紙，將濾紙放入其中，不容易摺到或破損。

DATA
材質→陶瓷
張數→約 100 張
品牌→日本

材質堅固，收納量多。

No.3

● Meister Hand La cuisine 系列北歐青鳥濾紙架

白色的陶瓷上搭配青鳥和藤蔓植物圖案，簡潔北歐風設計。將濾紙放入其中，不會藏污納垢。可收納扇形、圓錐形濾紙。上方附孔洞可以調掛，非常方便。

DATA
材質→ 陶瓷
張數→ 約 50 張
品牌→ 日本

> 附孔洞可以調掛，非常方便。

> 材質輕巧易攜帶，價格較便宜。

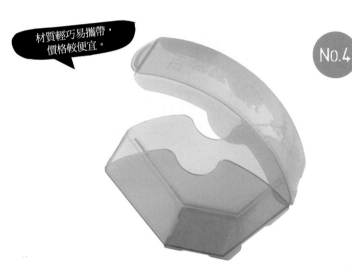

No.4

● SANADA 精工濾紙收納盒

可以依照收納盒擺放的角度，決定盒蓋是由上開或橫開，機能性強。蓋上蓋子，有效防髒污、潮濕。樹脂製造，輕巧好攜帶！

DATA
材質→ 樹脂
張數→ 約 150 張
品牌→ 日本

No.5

▬ MOCCAMASTER 金屬濾紙座

線條流暢、極簡風設計的濾紙架。不鏽鋼製，堅固耐用，不怕破損，此外，好清洗、擦拭和收納，營業、自家用都適合。

DATA
材質→ 不鏽鋼
張數→ 約 50 張
品牌→ 荷蘭

> 耐用度高，不易破損。

手沖架除了美觀，手沖時還可以搭配電子秤，更精準掌握粉水重量和比例。一般來說，手沖架除了手沖咖啡，也可搭配聰明濾杯等使用，此外也具有欣賞價值。常見的材質有金屬、樹脂、木質等。

圖中手沖架與濾杯從上至下分別為：米家不鏽鋼手沖架、聰明濾杯、米家不鏽鋼 Z 型手沖架。

Drip Coffee 手沖架 DRIP STATION

● HARIO 手沖架

No.1

透明的壓克力材質,看起來清爽。搭上不鏽鋼材質的瀝水網,相當有質感。適用 HARIO 各型濾杯,以及搭配 HARIO 電子秤。

> 簡潔風格,生活中的好設計。

DATA
材質→ 本體為壓克力,瀝水網為不鏽鋼,瀝水盤為樹脂
重量→ 440g
品牌→ 日本

> 客製化商品,極具特色。

▨ 米家不鏽鋼手沖架

No.2

整個手沖架採全不鏽鋼材質。本體還有個咖啡杯的圖案,看起來精緻,相當堅固,很實用。

DATA
材質→ 不鏽鋼
重量→ 2KG
品牌→ 台灣

▨ 米家不鏽鋼 Z 型手沖架

No.3

可使用聰明濾杯、V60 系列濾杯等多種濾器,附瀝水盤。Z 字的獨特設計,有別於以往的手沖架造型,加上全不鏽鋼材質,是追求時尚美感的人不可錯過的一款手沖架。

> 造型獨特,材質堅固。

DATA
材質→ 不鏽鋼
重量→ 1KG
品牌→ 台灣

圖中玻璃下壺從上至下分別為：TIAMO 玻璃
咖啡壺弧型把手、TIAMO 圓滿咖啡玻璃壺花
茶壺、TIAMO 耐熱玻璃咖啡花茶壺。

MICROWAVE
SERVER
360®
Tiamo

玻璃下壺
SERVER
Drip Coffee

玻璃下壺（Server）又叫可愛壺、承接壺、分享壺。盛裝咖啡液，純粹美觀考量，但最好選用透明玻璃材質，且須有容量刻度顯示，以便辨識萃取量。若能搭配木質把手，就更有質感。也有許多人不用玻璃壺，改用很實用的實驗室玻璃燒杯。

No.1 ● HARIO V60 橄欖木 40 好握咖啡壺

耐熱玻璃材質的壺身，可耐熱 120℃。木質的握把及壺蓋，為喝咖啡增添古樸簡約之美。

木質把手顯現質感，超受歡迎。

橄欖木把手和壺蓋

容量刻度顯示

02

DATA
材質→壺身為玻璃，壺圈為不鏽鋼，把手為橄欖木
容量→400ml，另有 600ml
品牌→日本

No.2 露 La Rosèe 木質手感咖啡壺組

實用與藝術結合的生活用品

流線造型的壺身，搭上木質把手，精緻的手工，
將喝咖啡的品味，完美呈現出來。不論是自用或
送禮，皆非常適合。把手有 9 款木質可以選擇。

DATA
材質→ 壺身為玻璃，把手為木
容量→ 300ml
品牌→ 台灣

HARIO 的經典設計

No.3 ● HARIO V60 雲朵玻璃壺

可愛的雲朵造型，耐熱玻璃壺身，可耐熱
120℃；壺蓋為矽膠材質，可耐熱 180℃，
亦可於微波爐中使用。

DATA
材質→ 壺身為玻璃，壺蓋為矽膠
容量→ 360ml，另有 600ml、800ml
品牌→ 日本

No.4

繽紛色彩，多種顏色可選。

● KŌNO 河野式名門玻璃壺

日本研究虹吸式賽風壺的先驅，至今已有
90 年的歷史。日本製，有一定的品質。簡
單的造型，搭上不同顏色的壺蓋與把手，
討喜可愛，是收藏家不可錯過的精品。

DATA
材質→ 壺身為玻璃，壺圈
為不鏽鋼，把手為樹脂
容量→ 240ml
品牌→ 日本

圓弧與角度的結合

咖啡壺、花茶壺兩用。

No.5 ● KINTO CARAT 玻璃壺

有別於一般圓弧造型的玻璃壺，稍有角度、俐落大方的設計，兼具實用與美感。耐熱玻璃材質，沖泡咖啡更安心。

DATA
材質→ 玻璃
容量→ 600m，另有 850ml
品牌→ 日本

No.6 TIAMO 玻璃咖啡壺弧型把手

弧型把手採非平面設計，好握不易滑。壺身上有刻度，能清楚掌握容量。不但能夠沖泡咖啡，沖泡花茶也很適合。

DATA
材質→ 壺身為玻璃，壺圈、把手為樹脂
容量→ 450m，另有 750ml
品牌→ 台灣

白＋透明的組合，讓人感到清爽舒適！

壺蓋多種顏色，選擇性多。

No.7 TIAMO 圓滿咖啡玻璃壺花茶壺

正如名字「圓滿」，圓弧狀的壺身，很討喜。把手也特別採用耐熱玻璃材質，不用擔心遇熱易脫落。

DATA
材質→ 壺身為玻璃，壺蓋為樹脂
容量→ 380m，另有 650ml
品牌→ 台灣

No.8 TIAMO 耐熱玻璃咖啡花茶壺

通過 SGS 檢測，耐熱玻璃材質，可清楚看見咖啡色澤。不但有不同尺寸，壺蓋也有多種顏色可供選擇。

DATA
材質→ 壺身為玻璃，壺蓋為樹脂
容量→ 360m，另有 600ml
品牌→ 台灣

學會手沖咖啡
HOW TO DRIP

手沖咖啡依選用的器具而操作方式不同,但最終目的是呈現咖啡豆的最佳風味,以及尋找出自己喜愛的口味。以下用不同種類的濾杯,說明幾種簡單的手沖方法,即使未曾嘗試的手沖初學者,也建議你一起看圖操作!

圓錐形
濾杯

start

1 →

先摺濾紙。濾紙摺縫處邊線摺好。

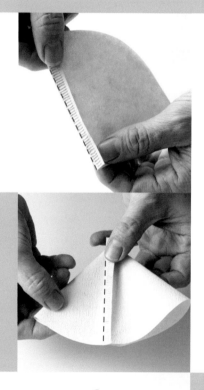

2 →

將濾紙打開,以原來的濾紙邊線為中心,攤開兩側的濾紙,輕摺出痕跡。

3 →

將濾紙摺好攤開,套入濾杯中。

4 →

注入半壺熱水至手沖壺,以手沖壺倒出熱水,一方面測試注水時手感,一方面注水於濾紙上,濾紙須全部沖到水,以去除濾紙的紙漿味及使濾紙與濾杯服貼。可再倒一些水來溫咖啡杯,手沖壺內的熱水不要全部倒完,因手沖壺也需要保溫。

5 →

確認濾杯內的水已流出,將玻璃下壺的水倒掉,並調整濾紙於濾杯適中的位置;將濾杯放置於玻璃下壺上(玻璃壺置於電子秤上)。

6 →

手沖壺內加水至八分滿（視個人手感，但水量須足夠沖完一次的水量），測溫度，待壺內熱水到預設的溫度89℃（建議約83～93℃間），若溫度過高，可加入適量冷水或打開壺蓋搖晃降溫。

9 →

或者在咖啡粉中間以小指戳一個小洞，做為注水的起始基準點。

7 →

研磨咖啡豆。先確認磨豆機的刻度，用約3克咖啡豆，以研磨方式洗淨前面研磨殘留的風味，再正式研磨。先開開關，倒入咖啡豆，過程中注意聽研磨聲，不要遺漏未研磨完的咖啡豆。

10 →

先倒一些熱水溫熱咖啡杯，以及溫熱手沖壺的壺嘴。

8 →

將咖啡粉徹底倒入濾杯中，輕拍使咖啡粉鋪平（不要太用力與太多次，會影響濾杯中的咖啡粉密度）。

11 →

將手沖壺在距離咖啡粉5公分高度，開始注水。

5公分

12 →

先在中央注水至水冒出表面。

13 →

從中心點開始以日文字「の」的形狀由內往外，以畫同心圓的方式注水，畫到外圈後再畫至中心，約注水30ml（皆須順時鐘方向繞圈，水不要直接注在濾紙上）。

14 →

完成第一次注水後約靜置30秒「悶蒸」，這是咖啡風味萃取的關鍵時刻。

15 →

注水悶蒸靜置約30秒後，即開始第二次注水。

16 →

先在中央注水至水冒出表面，從中心點開始以日文字「の」的形狀由內往外，以畫同心圓的方式反覆注水，畫到外圈後再畫至中心。

17_1 →

採用「不斷水法」判別停止注水萃取時機：

a. 第二次注水約至 230 ml（電子秤數字），或約濾杯八成滿，停止注水。

b. 觀察流至玻璃壺的咖啡液水位高度約至 200ml，移開濾杯（不用等濾杯內的水滴完），以湯匙攪勻或輕晃玻璃壺，使咖啡濃度均勻混合。

a

b

主要器具 About Tools

- ✢ HARIO VD-01 樹脂圓錐濾杯
- ✢ KALITA 宮廷細口壺（900ml）
- ✢ HARIO V60 雲朵玻璃壺
- ✢ 圓錐形濾紙

a   b

17 _2 →

採用「斷水法」判別停止注水萃取時機：

a. 循序注水至 180ml（電子秤數字），或約濾杯八成滿，停止注水。

b. 觀察濾杯中的水位，待濾杯水位下降 70% 時，做第三次注水，注水至 220ml（電子秤顯示重量）停止注水。第三次注水時，水位高度勿超越第二次注水高度。

c. 觀察流至玻璃壺的咖啡液水位高度約至 190ml，移開濾杯（不用等濾杯內的水滴完），以湯匙攪拌或輕晃玻璃壺，使咖啡濃度均勻混合。

`finish`

關於材料 About Coffee Beans

- ✢ 咖啡豆：衣索比亞耶加雪菲，水洗處理。
- ✢ 烘焙度：中淺烘焙
- ✢ 水溫：89℃，依店家的烘焙度調整。
- ✢ 咖啡豆重量：15 克
- ✢ 水量：230ml（實際萃取量 200ml）
- ✢ 粉水比：1:15，建議 1:12 ～ 1:18，可依喜好調整。

小訣竅 Tips

悶蒸除了可以時間約 30 秒做為標準，更可以試著觀察隆起的咖啡粉表面開始變乾、有裂痕或下陷跡象，即表面咖啡粉已經完成悶蒸。

扇形濾杯

start

1 →

準備熱水,將濾紙摺好。濾紙側邊與底邊摺縫處,需反方向摺起(如圖箭頭所示)。

2 ↓

將濾紙摺好攤開,套入濾杯中。

3 →

注入約半壺熱水至手沖壺,以手沖壺倒出熱水,一方面測試注水時手感,一方面注水於濾紙上。濾紙必須全部沖到水,以去除濾紙的紙漿味及使濾紙與濾杯服貼。可再倒一些熱水來溫咖啡杯和下壺,手沖壺內的熱水不要全倒完,因手沖壺也需要保溫。

確認濾杯內的水已倒出，將下壺的水倒掉後置於電子秤上，調整濾紙於濾杯適中的位置；將濾杯放置於手沖架上（若無手沖架，則可直接置於玻璃壺上）。

5 →

手沖壺內加熱水至八分滿（須足夠沖完一次的水量），測溫度，待壺內熱水到預設的溫度 89℃（建議約 83～93℃間），若溫度過高，可加入適量冷水或打開壺蓋搖晃降溫。

6 →

研磨咖啡豆。確認磨豆機的刻度；先用約 3 克咖啡豆，以研磨方式洗淨前面研磨殘留的風味，再正式研磨。先開開關，倒入咖啡豆，過程中注意聽研磨聲，不要遺漏未研磨完的咖啡豆。

10 →

完成第一次注水後約靜置30秒「悶蒸」，這是咖啡風味萃取的關鍵時刻。

7 →

將咖啡粉徹底倒入濾紙中，輕拍使咖啡粉鋪平（不要太用力與太多次，會影響濾杯中的咖啡粉密度），電子秤歸零。

11 ↓

第二次注水：
第一次注水悶蒸靜置約30秒後，即開始第二次注水。

8 →

第一次注水：
注水後咖啡粉吸水膨脹。將手沖壺在距離咖啡粉約5公分高度，開始注水。

5公分

9 →

先在中央注水至水冒出表面。從中心點開始以日文字「の」的形狀由內往外，以畫同心圓的方式注水，畫到外圈後再畫至中心，約注水30ml（皆須順時鐘方向繞圈，水不要直接注在濾紙）。

12 →

先在中央注水至水冒出表面，從中心點開始以日文字「の」的形狀由內往外，以畫同心圓的方式反覆注水，畫到外圈後再畫至中心。

主要器具 About Tools

✣ KALITA 陶瓷扇形三孔濾杯
✣ KALITA 細口壺（不鏽鋼 700ml）
✣ 手沖架（選配）

13_1 →

採用「不斷水法」判別停止注水萃取時機：

a.第二次注水至約 230ml（電子秤數字），或約濾杯八成滿，停止注水。

b.觀察流至下壺的咖啡液水位高度約至 200ml 移開濾杯（不用等濾杯內的水滴完）。以湯匙攪拌或輕晃玻璃壺，使咖啡濃度均勻混合。

a b

13_2 →

採用「斷水法」判別停止注水萃取時機：

a.第二次注水至 140ml（電子秤數字），或濾杯約七～八成滿，停止注水。

b.觀察濾杯中的水位，待濾杯水位下降 70% 時，做第三次注水。注水約至 230ml 或濾杯約七～八成滿，停止注水。

第三次注水時，可以觀察到泡沫漸白，代表咖啡內容物質萃取完畢，水位高度勿超越第二次注水高度。

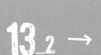
finish

a b

關於材料 About Coffee Beans

✣ 咖啡豆：哥斯大黎加，白蜜處理。
✣ 烘焙度：中烘焙
✣ 水溫：87℃，依店家的烘焙度調整。
✣ 咖啡豆重量：15 克
✣ 水量：230ml（實際萃取量 200ml）
✣ 粉水比：1:15，建議以 1:12 ～ 1:18，可依喜愛調整。

start

CHEMEX 經典手沖咖啡濾壺

2 →

注入約半壺熱水至手沖壺，以手沖壺倒出熱水，一方面測試注水時手感，一方面注水於濾紙上。濾紙必須全部沖到水，以去除濾紙的紙漿味及使濾紙與濾杯服貼。可再倒一些熱水來溫咖啡杯和玻璃壺，手沖壺內的熱水不要全倒完，因手沖壺也需要保溫。

1 ↓

依步驟圖將濾紙摺好。（a）濾紙攤開，（b）濾紙對摺，（c）將下方 1/4 圓濾紙部分朝內摺入，（d）濾紙再對摺一次後，套入濾杯。

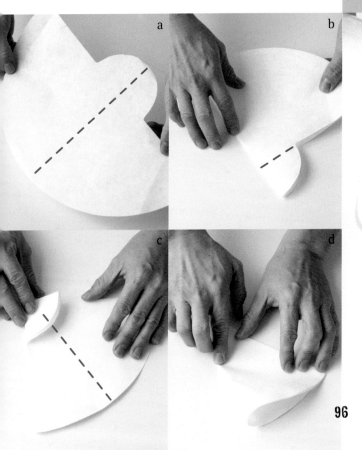

a

b

c

d

3 ↓

確認濾杯內的水已倒出，調整濾紙於濾杯適中的位置。

96

4 ↓

手沖壺內加熱水至八分滿（須足夠沖完一次的水量），測溫度，待壺內熱水到預設的溫度 89℃（建議約 83～93℃間），若溫度過高，可加入適量冷水或打開壺蓋搖晃降溫。

5 ↑

研磨咖啡豆。確認磨豆機的刻度；先用約 3 克咖啡豆，以研磨方式洗淨前面研磨殘留的風味，再正式研磨。先開開關，倒入咖啡豆，過程中注意聽研磨聲，不要遺漏未研磨完的咖啡豆。

6 →

將咖啡粉徹底倒入濾紙中，輕拍使咖啡粉鋪平（不要太用力與太多次，會影響濾杯中的咖啡粉密度）。

7 →

第一次注水：
注水後咖啡粉吸水膨脹。將手沖壺在距離咖啡粉約 5 公分高度，開始注水。

8 ↓

先在中央注水至水冒出表面。從中心點開始以日文字「の」的形狀由內往外，以畫同心圓的方式注水，畫到外圈後再畫至中心，約注水 50ml （皆須順時鐘方向繞圈，水不要直接注在濾紙）。

10 ↑

第二次注水：
第一次注水悶蒸靜置約 30 秒後，即開始第二次注水，將手沖壺在距離咖啡粉約 5 公分高度，開始注水。

9 →

完成第一次注水後約靜置 30 秒「悶蒸」，這是咖啡風味萃取的關鍵時刻。

11 →

先在中央注水至水冒出表面。從中心點開始以日文字「の」的形狀由內往外，以畫同心圓的方式注水，畫到外圈後再畫至中心。

主要器具 About Tools

✤ CHEMEX 經典手沖咖啡濾壺
✤ 月兔印手沖壺（不鏽鋼 700ml）

a

12 →

判別停止注水萃取時機：

循序注水約 400ml（a～b），並觀察流至玻璃下壺的咖啡液水位高度（圖示肚臍點 350ml）。此時移開濾紙（c），不用等濾紙內的水滴完。輕晃玻璃壺或以湯匙攪勻（d～e），使咖啡濃度均勻混合，完成（f）。

b

350ml

finish

c d

e

f

關於材料 About Coffee Beans

✤ 咖啡豆：瓜地馬拉花神咖啡豆，水洗處理。
✤ 烘焙度：中深烘焙
✤ 水溫：89℃，依店家的烘焙度調整。
✤ 咖啡豆重量：25 克
✤ 水量：400ml（實際萃取量 350ml）
✤ 粉水比：1:14，建議 1:12～1:18，可依喜愛調整。

聰明
濾杯

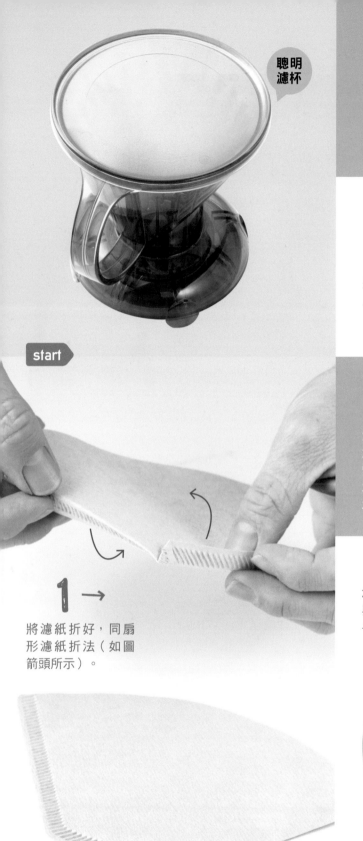

start

2 →

將濾紙折好攤開，套
入聰明濾杯中。

3 →

注入約半壺熱水至手
沖壺，以手沖壺倒出
熱水，一方面測試注
水時手感，一方面注
水於濾紙上清洗。

4 ↓

濾紙必需全部沖到水，以去除濾紙的紙漿味及使濾紙
與濾杯服貼。可再倒一些熱水來溫咖啡杯和玻璃壺，
手沖壺內的熱水不要全倒完，因手沖壺也需要保溫。

1 →

將濾紙折好，同扇
形濾紙折法（如圖
箭頭所示）。

5 →

將濾杯放至廢水杯上，確認濾杯內的水已倒出。

6 ↓

將濾杯放至電子秤上（把手位置與手沖注水位置相反，以免注水時手沖壺嘴卡到把手）。

7 →

沖壺內加熱水至八分滿，測溫度，若溫度過高，可加入適量冷水或打開壺蓋搖晃降溫。

8 →

研磨咖啡豆。確認磨豆機的刻度；先用約 3 克咖啡豆，以研磨方式洗淨前面研磨殘留的風味，再正式研磨。先開開關，倒入咖啡豆，過程中注意聽研磨聲，不要遺漏未研磨完的咖啡豆。

9 →

將咖啡粉徹底倒入濾紙中，輕拍使咖啡粉鋪平（不要太用力與太多次，會影響濾杯中的咖啡粉密度）。

11 ↓

循序注水約至 220ml（電子秤上重量）停止注水。蓋子蓋上並開始計時，計時 120 秒。

10 ↓

以 87℃的熱水直接沖泡，倒入熱水。

12 →

在 100 秒時，將玻璃壺內溫壺的水倒乾淨備用，120 秒時，以攪拌棒（或小湯匙）於表面輕拌 3～4 圈，看到浮在液面的泡沫顏色由深轉淺。

主要器具 About Tools

✤ 聰明濾杯
✤ 月兔印手沖壺（不鏽鋼壺 700ml）

13 →

將濾杯放置玻璃壺上
（輕巧的移動，盡量不
要搖晃到濾杯的液面），
漏到最後時，不要讓泡
沫的部分漏下去，以避
免雜澀味，完成。

14 →

移開濾杯，玻璃壺的咖
啡液以湯匙攪拌或輕晃
玻璃壺，使咖啡濃度均
勻混合，完成。

finish

關於材料 About Coffee Beans

✤ 咖啡豆：衣索比亞西達摩，日晒處理法。
✤ 烘焙度：中深烘焙
✤ 水溫：87℃，依店家的烘焙度調整。
✤ 咖啡重量：17 克
✤ 水量：220ml（實際萃取量約 190ml）
✤ 粉水比：1:12 ～ 1:18，可依喜愛調整。
✤ 時間：依喜好的濃淡調整時間，若覺得太淡，時間
可略增 10 ～ 20 秒；若太濃，也可略減 10 ～ 20 秒。

金屬濾網
（不鏽鋼
環保濾杯）

2 →

確認濾杯內的水已倒出，將濾網放在玻璃壺上。

3 →

手沖壺內加熱水至八分滿（須足夠沖完一次的水量），測溫度，壺內熱水應達到預設的溫度89℃（建議約83～93℃間）。

`start`

1 ↓

注入約半壺熱水至手沖壺，以手沖壺倒出熱水，一方面測試注水時手感，一方面注水於濾網上。可再倒一些熱水來溫咖啡杯和玻璃壺，手沖壺內的熱水不要全倒完，因手沖壺也需要保溫。

4 →

研磨咖啡豆。確認磨豆機的刻度；先用約3克咖啡豆，以研磨方式洗淨前面研磨殘留的風味，再正式研磨。先開開關，倒入咖啡豆，過程中注意聽研磨聲，不要遺漏未研磨完的咖啡豆。

5 →
將咖啡粉徹底倒入濾網中，輕拍使咖啡粉鋪平（不要太用力與太多次，會影響濾杯中的咖啡粉密度）。

6 →
第一次注水：
將手沖壺在距離咖啡粉約 5 公分高度，開始注水。

5公分

7 →
注水後咖啡粉吸水膨脹。

8 ↓
先在中央注水至水冒出表面。

11 ↓

第二次注水：

注水悶蒸靜置約 30 秒後，即開始第二次注水。先在中央注水至水冒出表面，再由中心點開始以日文字「の」的形狀由內往外，以畫同心圓的方式注水。

9 →

從中心點開始以日文字「の」的形狀由內往外，以畫同心圓的方式注水，畫到外圈後再畫至中心，約注水 30ml（皆須同一方向繞圈。

10 →

完成第一次注水後約靜置 30 秒「悶蒸」，這是咖啡風味萃取的關鍵時刻。亦可觀察粉層表面出現乾（裂）時，代表悶蒸完成。

12 →

注水時，畫到外圈後再畫至中心，循序來回數次。

主要器具 About Tools

✤ DRIVER 金屬濾網（不鏽鋼環保濾杯）
✤ DRIVER 細口壺（不鏽鋼 550ml）
✤ ACAIA 電子秤

13 ↓

判別停止注水萃取時機：

循序注水約 220ml（電子秤數字），或約濾杯八成滿，停止注水。

14 →

移開濾杯，觀察流至玻璃下壺的咖啡液水位高度約 190ml，移開濾網，不用等濾網內的水滴完。

關於材料 About Coffee Beans

✤ 咖啡豆：巴拿馬翡翠莊園藝伎咖啡豆，水洗處理。
✤ 烘焙度：淺烘焙
✤ 水溫：92℃；依店家的烘焙度調整。
✤ 咖啡豆重量：15 克
✤ 水量：230ml（實際萃取量 200ml）
✤ 粉水比：1:15，建議 1:12 ～ 1:18，可依喜愛調整。
✤ 為減少細粉流至玻璃下壺，可略調粗研磨度。並且適度增高水溫。

15 →

輕晃玻璃壺或以湯匙攪勻，使咖啡濃度均勻混合，完成。

finish

CHAPTER

2

其他沖煮器具

COFFEE BREWING TOOLS

虹吸式咖啡壺＋法式濾壓壺＋愛樂壓＋
越南咖啡滴濾器＋土耳其壺＋
摩卡壺＋義式咖啡機

認識虹吸式咖啡壺

ABOUT SYPHON

以虹吸式咖啡壺（賽風壺 Syphon）沖煮咖啡，感覺就像一場利用空氣壓力的化學實驗。先將下壺加熱後，利用「熱脹」原理，將熱水注入上壺，經與咖啡粉混合溶解釋出完成後，再關火靜置一會，或於下壺包覆濕布，加速利用「冷縮」原理，將上壺的咖啡萃取液拉回下壺即完成。

圖中為 HARIO 經典虹吸式咖啡壺

優先變因、變數：研磨粗細度、時間、火力（溫度）
研磨度粗細：中粗研磨

學會沖煮咖啡
HOW TO DRIP

準備器具：攪拌棒、酒精燈或小瓦斯爐（比酒精燈易控制火力大小）、乾和濕抹布、海綿刷、溫度計（測量上壺水溫，掌控溫度變因）。

認識各部位名稱
ABOUT PARTS

上壺

濾器　下壺

攪拌棒

酒精燈

1 將濾器裝入上壺中。

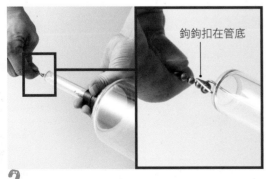

鉤鉤扣在管底

2 將濾器彈簧從管子拉出，彈簧上端的鉤鉤要扣在管底。

3 確認濾器平貼上壺底部。

4 將熱水倒入下壺。

5 注意！下壺底部務必以全乾抹布擦乾。

8 注意下壺水溫上升至約 85℃（連續冒小氣泡）。

小訣竅 Tips→ 下壺開始冒氣泡約 80℃，連續冒小氣泡約 85℃，冒大氣泡約 90℃。

6 小瓦斯爐點火，開中大火。

9 將上壺插正。

7 上壺斜插入下壺，靜置。

小訣竅 Tips→ 假若濾器未置於上壺座底部中央，可能會出現大氣泡，可用攪拌棒輕壓濾器側邊調整位置。

10 在熱水全部注入上壺後輕拌三圈，讓上壺水溫保持均勻。當熱水全部進入上壺，可將火力調小（或將酒精燈移至下壺邊源，使火力調小），使上壺熱水不會回流至下壺為原則。

11 開始研磨咖啡豆，將磨好的咖啡粉倒入上壺。
小訣竅 Tips→ 咖啡豆一經研磨就需盡快沖煮。

14 約第 50～60 秒熄火後，快速畫圈攪拌 5 圈。
小訣竅 Tips→ 也可以於熄火前試聞濕香味的變化，再決定停止沖煮時機。

12 於 5 秒內第一次攪拌完成（由上往下壓 3～5 次＋攪拌 5 圈）。
小訣竅 Tips→ 將咖啡粉倒入上壺後要盡快攪拌，如有乾粉浮在表面，可直接以攪拌棒輕輕壓入水中。

15 用濕布包住下壺冷卻。包濕布可讓上壺的咖啡液盡快回到下壺，萃取才會停止；也可不包濕布，讓上壺咖啡液自然回流至下壺，呈現不同的濃郁風味。

13 約第 30 秒時進行第二次攪拌（由上往下壓 3～5 次＋攪拌 5 圈）。
小訣竅 Tips→ 試著觀察咖啡粉末的變化，新鮮的咖啡剛與熱水混合時會有一層泡沫，煮了約 30 秒後，部分咖啡粉末會浮在表面，為了讓所有粉末都能均勻萃取，必須用攪拌棒攪拌。

16 咖啡流入下壺後，將上壺拔起，完成。

小訣竅 Tips
剛煮完時，虹吸壺身溫度還很高，須避免直接以冷水沖洗，以免破裂。
點火前壺身務必擦拭乾淨，不可有水滴，以免因受熱不均導致下座爆裂。

經典的咖啡壺,忠實
呈現咖啡原有風味。

No.1 ● KŌNO 虹吸式咖啡壺

典雅的造型,是日本代表性的虹吸式咖啡
壺。SKD 系列為木質把手的型號、MM 系列為
樹脂把手的型號,A 表示無附酒精燈、G 為
有附酒精燈,所以 SKD-2A 即 2 人份木質把手
有附酒精燈型,MM-2G 即 2 人份樹脂把手無
附酒精燈型。有 2 人、3 人、5 人的壺。

DATA
型號→ SK-2G、SK-3G、SK-5G
玻璃耐熱溫度→ 120℃
品牌→日本

最能煮出原始香醇
咖啡的器具。

No.2 ● HARIO 經典虹吸式咖啡壺

日本知名玻璃大廠出品,具有一定品質。精
緻優雅的造型,帶著復古風,是追求咖啡時
尚的人不可錯過的器具。HARIO 的虹吸式咖
啡壺號碼 TCA-2 或 TCA-3,數字代表的是 2 人
份或 3 人份,英文字母是型號。

DATA
型號→ TCA-2、TCA-3
玻璃耐熱溫度→ 120℃
品牌→日本

● HARIO 摩卡虹吸式咖啡壺

No.3

本體採用高透明度的玻璃，耐熱 120℃。特殊的不鏽鋼，能保留住咖啡香氣。萃取咖啡的經典方法，不論自用或是店家使用，都很合適。

世界三大耐熱玻璃場之作，營業、個人操作都適合。

DATA
型號→ SCA-3
玻璃耐熱溫度→ 120℃
品牌→日本

輕巧可愛的虹吸式咖啡壺

● HARIO 迷你虹吸式咖啡壺

No.4

日本製作，世界上最迷你的虹吸式咖啡壺，專供單人使用。小巧精緻的迷你造型，擄獲不少愛好者的心。儘管造型迷你，但每一個細節都不含糊，值得收藏。

DATA
型號→ DA-1SV
玻璃耐熱溫度→約 150℃
品牌→日本

▓ TIAMO 虹吸壺 RCA-3

No.5

高透視度的壺身，沖泡咖啡的過程一目了然。產品通過 SGS 耐熱檢測，耐熱溫差達 200℃。可安心選購。

DATA
型號→ RCA-3
玻璃耐熱溫度→ 200℃
品牌→台灣

耐熱溫差達 200℃

Coffee Syphon
濾器
REUSABLE SCREEN

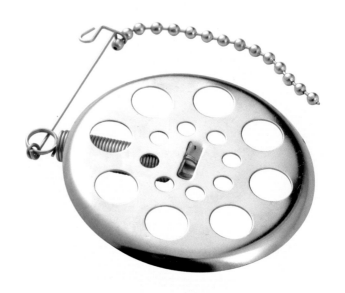

No.1

⚫ HARIO 虹吸咖啡濾器

此款濾器為 HARIO 品牌的標準款，
相當實用。

DATA
型號→ F103-MN
材質→ 不鏽鋼
品牌→ 日本

使用方法 How to Use

1 準備好濾布。

2 將濾器放在濾布中央，把濾布有束口細線那面朝上。

3 拉緊束口細線。

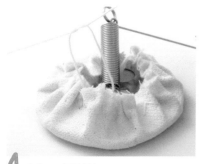

4 先打一個單結。

5 再打一個蝴蝶結。

6 將蝴蝶結收到濾布內，同時注意濾器周邊的濾布須避免皺摺，以免沖煮時易產生大氣泡。

堅固耐用，不易破損。

● KŌNO 陶瓷濾器

No.2

KŌNO 是日本「珈琲サイフォン株式会社」的商標，這是其專屬設計的陶瓷濾器。陶瓷片可控溫，防止上壺的水溫突然增加。

DATA
材質→陶瓷
品牌→日本

可重複使用材質，易保存。

GARTH 虹吸壺金屬濾器

No.3

作工精細的洞孔，讓咖啡的萃取更穩定。

DATA
材質→金屬
品牌→台灣

市面上常見的濾器種類 ///

金屬濾器

金屬濾網濾器

金屬濾器

金屬濾器

陶瓷濾器

熱源
BUTANE BURNER

六種語言操作、
觸控選項。

No.1
● HARIO Smart Beam Heater
智慧型光爐

搭配大尺寸的觸控式螢幕,還有多種語言,兩組火力模式,高智慧化的設計,是走在時尚尖端的你值得購入的產品。可以設定 A、B 兩種模式的火力(溫度)和時間,安全性亦高。此外,有別於一般光爐,造型具設計感。

DATA
頻率→ 50Hz/ 60Hz
消耗電力→ 350W
輸出功率→ 1200W
重量→ 2.3Kg
品牌→ 日本

Detail

六種語言、
觸控選擇。

Detail

搭配虹吸式咖啡
壺操作相當方便

Detail

可以設定 A、B 兩種
模式的火力與時間。

Detail

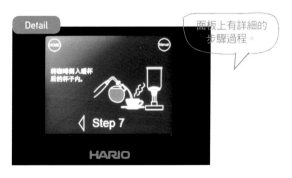

面板上有詳細的
步驟過程。

迷你尺寸攜帶方便

登山爐反置於燃料填充架上，再灌入燃料（純丁烷）

DATA
材質→不鏽鋼、陶瓷
燃料→純丁烷
填充量→ 30±5g
品牌→台灣

No.2

🏴 GARTH 新一代陶瓷爐頭迷你登山爐

新一代的陶瓷爐頭，能夠集中火力，避免火源分散，使熱能可以發揮高效作用。迷你造型，攜帶簡便。台灣製造，通過檢測。

小巧輕便易攜帶，外出好幫手。

DATA
材質→不鏽鋼
燃料→純丁烷
填充量→ 30g
品牌→台灣

No.3

🏴 TIAMO 咖啡迷你爐

通過商檢合格標章，台灣製造，品質優良。經測試，無論火力大小，皆表現穩定。

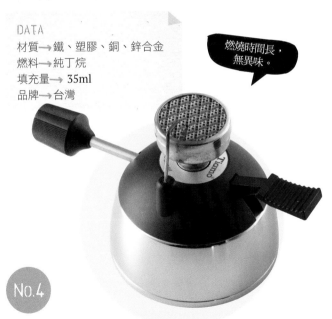

DATA
材質→鐵、塑膠、銅、鋅合金
燃料→純丁烷
填充量→ 35ml
品牌→台灣

燃燒時間長，無異味。

No.4

🏴 TIAMO 陶瓷爐頭登山爐

特殊的陶瓷爐頭，含微型出氣孔，讓瓦斯得以完全燃燒。使用時間長達 70～80 分鐘，有效節省能源。

迷你型的大容量設計，家用、外出皆宜。

DATA
材質→不鏽鋼、樹脂
燃料→純丁烷
填充量→ 55g
品牌→台灣

No.5

🏴 WS-1010 BURNER 迷你登山瓦斯爐

別小看這個爐外型迷你，但容量卻頗大，它可燃燒達 110 分鐘。本體穩固，安全性高，可隨身攜帶，適用於煮虹吸式咖啡壺、摩卡壺以及戶外生活等處。

圖中為 TIAMO 新歐風濾壓壺、
TIAMO 多功能木蓋濾壓壺。

認識
法式濾壓壺
ABOUT
FRENCH PRESS

又稱法國壓。第一個法式咖啡壺是在 1800 年左右出現，直到 1929 年，義大利米蘭設計家安提利歐‧卡利馬利（Attilio Calimani）申請了濾壓式咖啡的專利。外表看來很像沖茶器，但是濾網的孔隙較沖茶器來得細，適合沖泡咖啡粉。

出門或在家，只要有熱水就可以使用法式濾壓壺來沖泡咖啡，無需什麼技巧。法式濾壓壺不使用濾紙過濾，因此保留了更多咖啡油脂、萃取溶解物，讓咖啡呈現更濃郁厚實的特殊口感。但因法式濾壓壺使用金屬濾網過濾，難免會有一些微細粉末流出，因此喝起來「濁濁」的，但對於風味並無大礙，反而也是一種特色。

認識各部位名稱
ABOUT PARTS

壺身

壺蓋

濾壓網

學會沖煮咖啡
HOW TO DRIP

準備器具：攪拌匙（棒）、杯子、水壺、電子秤、溫度計、計時器。

1 倒入熱水溫壺，再將熱水倒出。

2 倒入咖啡粉。

3 再次將些許熱水倒入壺中，此部分咖啡粉與水量比例約 1：2 配置。

4 將咖啡粉和水混合攪拌，靜置約 30 秒悶蒸。

5 悶蒸後再次將熱水注入至預定量。

6 將壺蓋蓋上，濾壓網與水面貼齊。

7 靜置約 2 分鐘，將濾網下壓一半，1 ～ 2 分鐘後再壓到底。

8 倒出咖啡，完成。

Coffee Brewing 法式濾壓壺 FRENCH PRESS

咖啡二三事 About Coffee ///
這類壺並無搭配過多繁複的零件，通常由單純壺身和濾壓網組成。常見的材質包括耐熱玻璃搭配樹脂、不鏽鋼或天然木，設計簡單大方，很適合咖啡新手操作。此外，法式濾壓壺價格較親民，很容易入手。

> 泡咖啡經典時尚款 CP 值高。

No.1　● RIVERS COFFEE PRESS HOOP 法式濾壓壺

紐約 BROOKLYN 設計風格，使用德國製 PYREX 耐熱玻璃，可容納 640ml 的容量。特殊 HOOP 設計方便拆卸清洗、節省空間。除了沖咖啡，用來沖茶也很方便。

DATA
本體材質→ 玻璃、樹脂
容量→ 640ml（拿掉杯蓋 720ml）
玻璃耐熱溫度：120°C
品牌→ 日本

> 細密濾網層，過濾咖啡渣有神效。

No.2　TIAMO 新歐風濾壓壺

壺體採用耐熱玻璃、不鏽鋼材質，不鏽鋼把手，隔熱不燙手。搭配細密不鏽鋼濾網層，有效過濾咖啡和茶渣，適合沖泡咖啡或花茶。通過 SGS 合格測試，耐熱溫度達 120℃。

DATA
本體材質：玻璃、樹脂、不鏽鋼
容量→ 300ml，另有 700ml、1,000ml
玻璃耐熱溫度→ 120°C
品牌→ 台灣

No.3

● RIVERS COFFEE PRESS CORE 法式濾壓壺

外型低調的日系風格,內杯是德國製的 Pyrex 耐熱玻璃,附有兩種刻度標示。耐熱樹脂外杯包覆著內杯,不論是直接拿取杯身,或是握住把手,無需擔心燙手。

> 日系簡約,貼心設計。

DATA
本體材質→ 內杯玻璃,外杯樹脂
容量→ 350ml
玻璃耐熱溫度→ 120°C
品牌→ 日本

> 熱銷明星商品,實用性高。

No.4

TIAMO 多功能木蓋濾壓壺

採用耐熱玻璃材質、細密不鏽鋼濾網層,能有效過濾咖啡和茶渣,同時擁有濾網特殊組件設計,可當作牛奶發泡器。玻璃杯身設有咖啡 / 茶(Coffee / Tea)兩種容量標示,清潔容易,實用性高,商用與家用皆適合。

DATA
本體材質→ 玻璃、樹脂、不鏽鋼
容量→ 300ml,另有 650ml
玻璃耐熱溫度→ 120°C
品牌→ 台灣

No.5

TIAMO 幾何圖文法式濾壓壺

壺身採用耐熱玻璃與不鏽鋼材質,高透視度,不管是咖啡或花茶,沖泡過程一目了然。濾壓織網細密且耐用,沖泡茶類或咖啡都好用,不易破損,清洗方便,亦可做牛奶發泡器用。有黑色、白色兩款。

> 咖啡萃取最簡易方便的器具。

DATA
本體材質→ 玻璃、樹脂、不鏽鋼
容量→ 300ml,另有 800ml
玻璃耐熱溫度→ 120°C
品牌→ 台灣

> 鏡面拋光時尚感十足。

No.6

TIAMO 哥倫比亞雙層不鏽鋼濾壓壺

全身為 304 不鏽鋼材質,鏡面拋光處理堅固耐用,清潔、保養都簡單,又能有效保溫。中空握把設計,好握不燙手。擁有細密不鏽鋼濾網,沖泡咖啡和茶飲皆適宜。

DATA
本體材質→ 不鏽鋼
容量→ 300ml,另有 800ml
玻璃耐熱溫度→ 120°C
品牌→ 台灣

認識愛樂壓
ABOUT
AERO PRESS

愛樂壓英文名叫 Aero Press，是美國 Aerobie 公司於 2006 年推出，發明人艾倫・愛德勒（Alan Adler）是美國史丹佛大學機械工程講師。它的結構類似注射器，運用熱水與空氣壓力進行快速萃取，使用時在「針筒」內放入咖啡粉與熱水，然後壓下推桿，咖啡就會經濾紙過濾後流出。它結合了滴漏式的濾、法式濾壓的泡、義式咖啡的壓等特點，可以改變咖啡研磨粗細度、水溫和下壓速率，來找尋自己喜好的風味。

圖中為愛樂壓

優先變因、變數：研磨粗細度、水溫、下壓速率
研磨度粗細：中度研磨

造型特殊的愛樂壓可分成：類似活塞設計，筒身外有杯數標示的「壓筒」；六角形的底部，可旋扣上濾蓋的「壺身」；表面多孔洞，可使濾紙服貼於內側的「濾紙蓋」；方便將咖啡粉倒入壺中的「漏斗」，以及混合咖啡粉和熱水的「攪拌棒」。

學會沖煮咖啡
HOW TO DRIP

準備器具：鋼杯（杯子）、攪拌匙（棒）、電子秤、溫度計、水壺、計時器。

認識各部位名稱
ABOUT PARTS

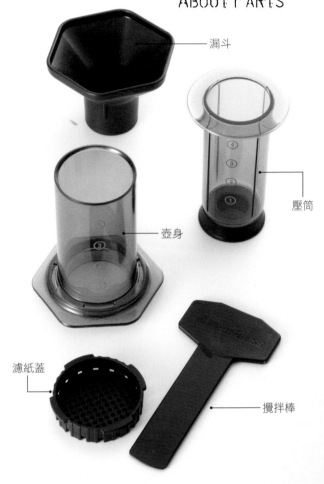

漏斗
壓筒
壺身
濾紙蓋
攪拌棒

1 溫熱壺身。

2 將濾紙放入濾紙蓋，潤濕濾紙，使濾紙服貼於濾紙蓋。

3 壓筒置下，壺身置上結合。

4 將咖啡粉倒入壺身，總水量粉水比（1:12～1:15，可依喜好調整）。

5 注入少許熱水，粉水比 1:2。

8 蓋上壺蓋後靜置 1 分鐘，以確保熱度與香氣不會散失。

6 咖啡粉與熱水攪拌混合，靜置 30 秒進行悶蒸。

9 反轉置鋼杯上。

7 再加入預定的熱水量後輕輕攪拌。

10 平穩緩和地將壓筒下壓至底約 20 秒，完成。視濃淡、個人喜好，直接喝或加水稀釋均可。

風味特殊的土耳其咖啡除了品嘗咖啡味，還可以「占卜」！就是飲用後觀察杯底的咖啡殘渣形狀占卜吉凶。例如：滿月形狀代表好運；半月形狀代表平順；月牙兒彎彎代表了些許不順；新月則表示要小心謹慎；不明確的圖形代表不確定會發生什麼事等等，這些都為土耳其咖啡增添一層神祕的吸引力。

圖中土耳其壺從左至右分別為：KALITA 土耳其壺、兩款手工土耳其壺。

認識土耳其壺
About
Ibrik

土耳其當地有句俗諺：喝一杯土耳其咖啡，記得你四十年友誼。十六世紀開始，阿拉伯以銅壺為烹煮器具，將極細研磨的咖啡粉與水、糖、香料放入鍋中，一同煮沸後，再將銅鍋移開火源靜置，如此反覆加熱三次。而土耳其咖啡（Turkish Coffee），又稱阿拉伯咖啡，曾在被奧圖曼土耳其帝國統治的地區盛行，2013 年被聯合國教科文組織列入「人類非物質文化遺產」。

優先變因、變數：粉水比（約 1:10 ~ 1:15）、火力
研磨度粗細：極細研磨

握把

認識各部位名稱
About Parts

壺身

學會沖煮咖啡
HOW TO DRIP

準備器具：瓦斯爐、爐架、攪拌匙（棒）、杯子、水壺、電子秤。

4 隨著沸騰，壺面產生金黃色的咖啡泡沫。

1 慢慢倒入水。

5 金黃色的咖啡泡沫越來越多。

2 倒入咖啡粉，開火（家用瓦斯約中火、小登山爐約中～大火）。

6 將土耳其壺離開火源，靜置約20秒，泡沫漸消，要小心握把燙手。

3 攪拌，將咖啡粉與水混合。

7 再置於火源上，煮沸至壺面產生金黃色咖啡泡沫，熄火靜置。煮沸後靜置的步驟必須連續三次才完成，即可將咖啡液連渣倒入杯中，適度添加糖或香料飲用。若不想喝到咖啡渣，可以用手沖濾紙和濾杯過濾，口感會更純淨。

咖啡二三事 About Coffee ///
用土耳其壺沖煮咖啡不需繁複的器具，只要準備基本的配備：土耳其壺、瓦斯爐即可，既方便又環保。

No.1 ● KALITA 復古土耳其銅壺

以現代的工藝技術仿照傳統土耳其壺製作，質佳的紅銅、導熱迅速。壺身精美細緻的雕花刻紋呈現出復古的優雅。此外，把手和壺身旋轉分離拆卸，收納省空間。

純銅製作，導熱性佳！

DATA
重量→ 158g.
容量→ 300ml
材質→銅
品牌→日本

No.2 ☪ 手工花紋土耳其壺

銅製壺導熱快，用來沖煮土耳其咖啡最合適，純手工雕花圖案，每個壺都不盡相同，獨一無二，深具特色。木製把手，防止燙手，最貼心的設計。使用完後要擦乾，以免氧化。

工匠親製，壺身手工獨特花紋！

純手工雕花圖案。

Detail　Detail

木製把手，防止燙手。

DATA
重量→ 180g.
容量→ 300ml
材質→壺身為銅，把手為木
品牌→土耳其

No.3 ☪ 手工土耳其壺

不同於精緻細雕的美感，這款使用感氛圍的土耳其壺，有著簡單卻獨特的外型，盡現質樸的美感。匠心獨具的把手設計，更增添畫龍點睛之妙。

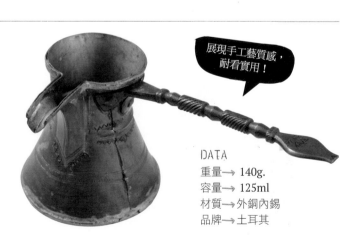

展現手工藝質感，耐看實用！

DATA
重量→ 140g.
容量→ 125ml
材質→外銅內錫
品牌→土耳其

上圖中使用 TIAMO 越南
咖啡滴濾器

認識
越南咖啡
滴濾器
ABOUT
VIETNAM COFFEE
DRIPPER

越南咖啡滴濾器（Vietnam Coffee
Dripper）是由一片滿滿圓孔的濾
壓片（壓咖啡粉）、有濾孔的
杯子（壺身）和杯蓋組合而成。
二十世紀初，隨著法國殖民越
南，也將這種傳統滴濾杯咖啡帶
進越南，進而在越南生根，融入
一般人的生活中，幾乎家家戶戶
必備。通常越南咖啡會加入煉乳
飲用，以煉乳的風味來中和越南
咖啡豆的酸與苦澀。

優先變因、變數：研磨粗細度、水溫、粉水比例
（1:15，可依喜好調整）
研磨度粗細：中細研磨

認識各部位名稱
ABOUT PARTS

上蓋

壺身

濾壓片

學會沖煮咖啡
HOW TO DRIP

準備器具：透明咖啡杯、手沖細口壺、電子秤、溫度計、煉乳（依喜好選配）。

4 注入熱水。

1 倒入熱水溫杯。

5 將上蓋蓋上。

2 倒入咖啡粉。

6 越南滴漏式咖啡，重點在於慢慢將滴滴精華萃取出。

3 將濾壓片置於咖啡粉上，施力向下填壓。

7 完成一杯越南滴咖啡，也可於杯中倒入約 15ml 煉乳，待咖啡滴下後自然融合更美味。

圖中摩卡壺從上至下分別為：BIALETTI BRIKKA 加壓摩卡
壺、BIALETTI 樂活摩卡壺（FIAMMETTA）世足賽紀念版。

認識各部位名稱
ABOUT PARTS

認識摩卡壺
ABOUT
MOKA POT

摩卡壺（Moka Pot），又稱為蒸氣沖煮式咖啡壺，是義大利人阿方索，畢阿拉提（Alfonso Bialetti）在 1933 年發明。這是一種利用水沸騰時產生的熱脹壓力萃取咖啡的工具，在義大利幾乎家家必備。用摩卡壺煮出來的咖啡，近似義式咖啡機煮出來的濃縮咖啡，同時因為輕巧，攜帶方便，因此不論野餐露營、在家時想喝一杯黑咖啡，或想喝類似拿鐵、卡布奇諾系列的鮮奶咖啡，摩卡壺都可以滿足需求。

膠圈

墊片

粉槽

上壺

下壺

洩壓閥正面

【摩卡壺各部位小解說 Moka Pot】
下壺：裝水的地方，上側邊有一個洩壓閥。
粉槽：填裝咖啡粉處，形狀像圓柱漏斗。
上壺：盛裝萃取出的咖啡液空間，中間有空心金屬管，咖啡液就是由此管推升。聚壓式的摩卡壺則在金屬管上另附有聚壓閥，可煮出類似義式濃縮的克力瑪（Crema）。

優先變因、變數：研磨粗細度、粉水比、火力
研磨度粗細：細研磨

學會沖煮咖啡
HOW TO DRIP

準備器具：瓦斯爐、爐架、毛巾、杯子、水壺、電子秤。

磨粉刻度：2 ～ 2.5

1 下壺放入溫熱水，注意，水位須在洩壓閥之下，以免加熱過程沸水由氣孔噴出。

2 將咖啡粉放入粉槽中。

3 輕拍粉槽邊緣，將咖啡粉表面刮平。

4 也可以輕壓，將咖啡粉表面整平。

5 將粉槽置入下壺。

小訣竅 Tips
用摩卡壺煮出的咖啡容易有些微細粉，也算是特色。但如果喜歡較純淨風味的咖啡，可多一道步驟：將上壺濾器上面沾濕，貼上丸形濾紙過濾掉細粉，再繼續之後的步驟。

7 將摩卡壺置於瓦斯爐架（家用瓦斯爐也可以），剛開始以中大火加熱，等聽到嘶嘶聲，或者已經有咖啡流入上壺，要轉為小火。

8 等下壺熱水將盡，出水聲轉噗噗聲，或金屬管已冒出黃白色泡沫，立即關火，以免過度燒焦。

6 用毛巾包覆下壺，將上下壺旋緊，以免熱水在萃取過程中溢出。

9 香醇咖啡完成囉！飲用前，記得稍微搖晃摩卡壺或攪拌一下，讓咖啡液濃度更均勻。

摩卡壺二三事 About Moka Pot ///
用摩卡壺煮咖啡，只要準備壺和熱源，即可在家或露營輕鬆享受喝咖啡的樂趣。以下介紹幾款摩卡壺和爐架，爐火介紹則參照 p.118 的說明。

No.1 ■■ BIALETTI BRIKKA 加壓（聚壓）摩卡壺

不需插電，可隨身攜帶、隨時沖煮義式咖啡，享受克力瑪（Crema）的香濃風味，實用度很高。這款經典的摩卡壺來自義大利，壺蓋中間為一個洞，壺中有參考水位記號，以及品牌獨家聚壓閥設計，是除了以義式咖啡機沖煮之外的最佳入門機器。

八角特殊造型，摩卡壺最知名的品牌！

聚壓閥，可萃取出克力瑪。

DATA
容量→ 2 杯份
材質→鋁合金
其他→ 適用酒精爐、瓦斯爐、黑晶爐、電爐
品牌→義大利

No.2 ■■ BIALETTI 樂活摩卡壺（FIAMMETTA）世足賽紀念版

2014 年世足賽紀念款，限量 3 杯份，更具收藏價值。

2014 年巴西世界盃義大利授權紀念款摩卡壺，以義大利國家隊服的顏色和徽標為設計重點。經典品牌的繽紛顏色設計！百年工藝大廠製造，採用強化烤漆，不必擔心有吃色或掉色的問題。是義式濃縮咖啡的最佳入門款。

DATA
容量→ 3 杯份
材質→鋁合金、強化烤漆
其他→適用酒精爐、瓦斯爐、黑晶爐、電爐
品牌→義大利

No.3 ■ TIAMO 方形速拆不鏽鋼摩卡壺

90 度速拆的設計，容易拆解與組合，外層採用高規格拋光，看起來格外有質感。操作簡便，清洗和收納都容易。另有 6 杯份。

DATA
容量→ 3 杯份
材質→不鏽鋼
其他→適用瓦斯爐、電磁爐、黑晶爐等
品牌→台灣

方形特殊造型！

90 度旋轉設計，上下壺可快速拆開。

No.4 🇹🇼 TIAMO 速拆摩卡壺

具有設計感的不鏽鋼壺身精緻耐用,輕巧的外型易於攜帶。除可直火加熱,因壺底導磁材質,也可用於電磁爐,相當方便。

> 壺底導磁材質,可用於電磁爐。

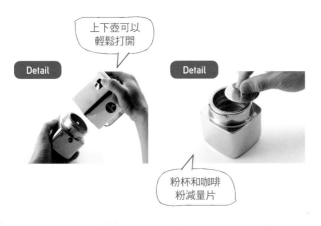

> 上下壺可以輕鬆打開

Detail

Detail

> 粉杯和咖啡粉減量片

DATA
容量→ 3 杯份
材質→ 不鏽鋼
其他→ 適用瓦斯爐、電磁爐、黑晶爐等
品牌→ 台灣

> 鏡面拋光處理,造型優雅。

No.5 🇹🇼 TIAMO 義式摩卡壺

精緻典雅的造型,搭上流線把手,以及不鏽鋼鏡面經拋光處理,簡單大方,不論是家用、商用,都很合適。把手部分是中空不鏽鋼結構,避免燙手。另有 6 杯份、10 杯份。

> 粉杯盛裝咖啡粉

Detail

Detail

> 放入咖啡粉減量片

DATA
容量→ 4 杯份
材質→ 不鏽鋼
其他→ 適用瓦斯爐、電磁爐、黑晶爐等
品牌→ 台灣

Detail

> 手拿的是咖啡粉減量片

小訣竅 Tips
摩卡壺使用完畢後不要馬上清洗,等壺身完全冷卻再拆開來清洗,以免燙到,洩壓閥容易彈性疲乏。

認識
義式咖啡機
ABOUT
ESPRESSO MACHINE

濃縮咖啡（Espresso）的義大利語，是「快速」的意思。這小小一杯 30ml 的濃縮咖啡，就像咖啡風味放大鏡，是義式咖啡中最重要的基底，由義式咖啡機製作。市面上的義式咖啡機可分為家用、營業用機型，而製作好的濃縮咖啡，還可以延伸出許多咖啡飲品：加入熱水是美式咖啡；加入鮮奶及少許奶泡就是拿鐵咖啡；加入鮮奶及更多奶泡，就是卡布奇諾咖啡了。以下簡單介紹義式咖啡機：

家用機型：家庭、辦公室、小店舖（早餐店）使用的機型，大多是全自動機型，內部多附有水箱，免除裝接自來水管的麻煩。構造多為單一鍋爐、震動式幫浦，因此體積比較小。

營業用機型：分為半自動機型（咖啡館多使用），需搭配磨豆機，技術門檻較高。全自動機型（便利商店大多使用這種），講究的是 ONE TOUCH 製作飲品，一般包含濃縮咖啡、美式咖啡、拿鐵咖啡、卡布奇諾咖啡。機器使用的幫浦是迴轉式幫浦，鍋爐分為單一鍋爐、子母鍋爐、雙鍋爐，其中雙鍋爐為各自獨立加熱系統，分別負責兩個鍋的熱水與蒸氣，因此相對來說穩定度、速率較優，但是價格也比較高。如果還有 PID 自動演算溫控系統，確保萃取咖啡時的水溫保持在最穩定狀態、萃取前的預浸模式（類似手沖前的悶蒸動作）更好。

優先變因、變數：研磨粗細度、粉量、水量
研磨度粗細：極細研磨

學會沖煮咖啡
HOW TO DRIP

準備器具：義式咖啡機、杯子。

【標準的濃縮咖啡 User's Voice】
濃縮咖啡的標準是指：以 9 大氣壓（bar）、85 ～ 93℃ 熱水，約 25 秒，從約 7g. 的極細研磨咖啡粉中萃取 30ml 咖啡液。

1 填壓器持平，準備填咖啡粉。

2 將磨好的咖啡粉填入濾器內。

3 將咖啡粉表面稍微整平。

4 用填壓器進行填壓，防止咖啡粉表面受力不均。

5 以填壓器側邊敲擊。（注意，這是錯誤動作！）。

8 立即按下沖煮開關鍵。

6 放水清潔沖煮頭。

9 準備好承接濃縮咖啡液的杯子。

7 扣上濾器把手。

10 當流出的咖啡量達到所需的量（30ml），移走杯子。

濃縮咖啡變化款
COFFEE DRINKS

卡布奇諾（Cappuccino）咖啡：
一份濃縮咖啡：熱鮮奶：奶泡＝1：2：2（標準1：1：1）
卡布奇諾（義大利文Cappuccino）意思是「義大利泡沫咖啡」，由濃縮咖啡（Espresso）加上牛奶及奶泡而成。做法是將1/3熱鮮奶、1/3熱奶泡倒入有1/3（Espresso）濃縮咖啡的杯內，再依個人喜好撒些可可粉或肉桂粉。

拿鐵（Latte）咖啡：
一份濃縮咖啡：熱鮮奶：奶泡＝1：2：1
拿鐵（Latte）在義大利語的意思是指「鮮奶」。因此，在義大利咖啡館，若你點了一杯拿鐵（Latte），送上來的絕對是一杯熱牛奶，而不是你以為的拿鐵咖啡。所以記得要完整地說「Caffe Latte」。

美式咖啡（Americano）：
一份濃縮咖啡：熱水＝1：5～6
美式咖啡（Americano）與美式咖啡機煮出來的風味差異不大，義式咖啡多是以濃縮咖啡加上熱水稀釋而成，美式咖啡則是以固定粉量，搭配約1：10的水量，直接以熱水沖出飲用。所以不要看到店家加熱水，就以為是偷工減料加水稀釋補滿杯。

圖中填壓墊和填壓座分別為：GARTH 填壓器、
EARTH 矽膠填壓墊。

Coffee Brewing 義式咖啡機 ESPRESSO MACHINE

義式咖啡機二三事 About Espresso Machine ///

以下分別介紹義式咖啡機、填壓器、填壓座。義式咖啡機分成「全自動」與「半自動」兩種。

填壓墊則可以讓吧檯施力穩固，減緩手部的壓力，避免因失誤而滑動，因此操作時的順手度最重要。填壓器從主要材質分成不鏽鋼、銅、鋁和木質等，從填壓面來看，則分成平面式、圓弧式（美弧弧度是 1.661mm、歐弧弧度是 3.355mm）、同心圓式等等，但不管用哪一種填壓器，還是以「個人順手」為優先選擇。唯有填壓器用得順手，才能於填壓時均勻施力，以及施用適當力道去完成填壓動作，萃取才會均衡。

3.355mm ← → 1.661mm

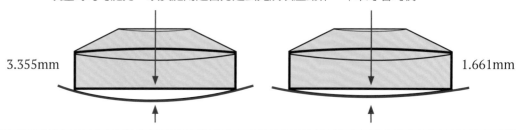

附蒸氣奶泡管可手動打奶泡，蒸氣強，且奶泡外管上附有防呆裝置，讓第一次嘗試手動奶泡的你也可輕鬆打出綿密奶泡。

No.1 ▪▪ Delonghi ECAM 22.110.SB 風雅型（家庭、辦公適用）

傳承寶石般璀璨的義大利工藝，打造出目前全球體積最小的機器。氣密式咖啡豆槽設計，阻隔咖啡豆與空氣接觸，新鮮不流失。新一代快速渦輪設計，蒸氣與萃取咖啡可快速切換，無需等待，且通過瑞士 FEA 節能 A 級認證，性能與效率皆符合節能環保的理念，提供完美創新的產品。

DATA
類型→ 全自動
功率→ 1250 W
電壓→ 110V/ 60Hz
重量→ 9.1Kg
水箱容量→ 1.8 L
豆槽容量→ 250 g.
壓力→ 15 bars
品牌→ 義大利

直覺式圖像面板，貼心記住您的喜好，煮出每一杯咖啡都是您想像中的好滋味！

No.2 ▪▪ Delonghi ECAM 23.210.B 睿緻型（家庭、辦公適用）

De'Longhi 秉持保留原有萃取一杯質與量皆完美的義式濃縮咖啡，再次研發最新設計及製造的全自動義式咖啡機系列，是目前全球最小型，卻又多功能人性化操作的全自動義式咖啡機。咖啡豆槽採用氣密性上蓋，阻隔空氣新鮮不流失。符合 A 級節能規章，在性能與效率上達到節約成本和保護環境的理念。

DATA
類型→ 半自動
功率→ 1250 W
電壓→ 120V/60Hz
重量→ 9.1Kg
水箱容量→ 1.8L
豆槽容量→ 250g.
壓力→ 15bars
品牌→ 義大利

No.1 🇹🇼 TIAMO 木柄填壓器

造型特殊優美，梨花木握把材質，不易損壞。不鏽鋼底座，耐用、重量按壓均勻、省力。此外，最佳有效填壓面積，能得到更均勻的萃取效果。

符合人體工學，操作省力。

DATA
材質→不鏽鋼、梨花木
類型→平底
尺寸→ 48 mm、50 mm、51 mm、53 mm、57.5 mm、58 mm
品牌→台灣

Detail 顯現底部壓粉效果

Detail 底座是不鏽鋼材質

握把梨花木材質，有弧度很好握。

No.2 🇹🇼 TIAMO 多款炫彩填壓器（綠色）

多款顏色供選擇！

造型簡單大方，顏色則有銀色、藍色、黑色、綠色、紅色等可選擇。不鏽鋼材質，質厚堅固耐用。不鏽鋼握把呈現截然不同的工藝美感。適用廣泛半自動咖啡機。

Detail 顯現底座壓粉效果

Detail 不鏽鋼握把

底座的底部為鋁合金

彩色部分為鋁合金

DATA
材質→不鏽鋼、鋁合金
類型→平底
尺寸→ 58 mm
品牌→台灣

No.5 🇹🇼 Garth 虎紋填壓器

造型簡單大方，搭配時尚虎紋更顯獨特。不鏽鋼材質美弧底座，堅固耐用、重量按壓均勻，而且相當省力。

少見的時尚虎紋造型。

DATA
材質→不鏽鋼
類型→美弧
尺寸→ 58.5mm
品牌→台灣

Detail 顯現底座壓粉效果

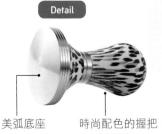

Detail

美弧底座

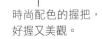

時尚配色的握把，好握又美觀。

No.4 🇹🇼 GARTH 黃色填壓器

不鏽鋼材質的平底底座，堅固穩重。握把呈現截然不同的工藝美感，更符合人體工學。

鮮亮黃色耀眼，實用度高。

DATA
材質→不鏽鋼
類型→平底
尺寸→58.5mm
品牌→台灣

Detail

顯現底座壓粉效果

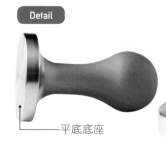

Detail

平底底座

時尚韓式設計，雙色配色。

No.5 🇹🇼 GARTH 韓版配色紅填壓器

少有的韓式紅色系設計風格，顏色跳耀活潑，深受女性咖啡達人喜愛。圓弧造型握把，圓潤好握。

DATA
材質→不鏽鋼
類型→倒角內凹
尺寸→58.3mm
品牌→台灣

Detail

顯現底座壓粉效果

Detail

倒角內凹的底座

No.6 🇹🇼 EARTH 矽膠填壓墊

義式咖啡機專用。矽膠材質防滑設計，L型設計，可使填壓墊和工作檯無縫隙緊密貼合。墊上的凹處可穩定置放填壓器。

DATA
材質→矽膠
類型→直角
品牌→台灣

矽膠材質防滑設計

特殊的迷彩花色

清新朝氣的草綠色

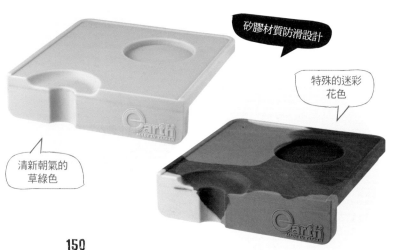

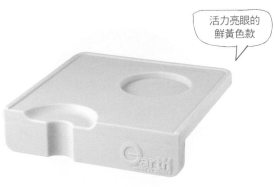

活力亮眼的
鮮黃色款

熱情大方的
紅色款

優雅沉靜紫
色款

義式濃縮咖啡

卡布奇諾

熱美式咖啡　　瑪羅奇諾

CHAPTER

3

周邊小器具

COFFEE UTENSILS

磨豆機＋烘豆器＋拉花鋼杯＋
奶泡器＋測量小器具＋咖啡杯

圖中磨豆機從上至下分別為：GARTH 木桶
碗型磨豆機、HARIO 手搖式攜帶型磨豆器、
京瓷 PORLEX 迷你手搖咖啡磨豆機。

認識磨豆機 ABOUT MILL

對於咖啡風味來說，影響最大的莫過於磨豆機。為什麼呢？研磨咖啡豆是為了要增加咖啡與熱水接觸的面積，也才能提高萃取率，但新鮮的咖啡豆一經研磨，咖啡粉表面積增加的同時，氧化的速度也相對倍增，香氣也更易於消散。因此現磨現喝，絕對是品嘗咖啡的頂級享受。所以，想要喝一杯好咖啡，務必先買一台好磨豆機，其重要性更甚於沖泡器具。

為了增加咖啡與熱水接觸的面積，因此須將咖啡豆研磨成無數的細小顆粒，以提高萃取率，但是要達成適當的萃取率，需有以下幾項條件，這也是選擇一台好磨豆機的條件。

1. 均勻研磨度：均勻一致的研磨度是沖泡出好咖啡的首要條件，而研磨過程難免產生細粉，如果磨豆機能磨出細粉少的咖啡粉，則可以降低風味萃取的不確定性。

2. 散熱度好：研磨時咖啡豆與刀盤會摩擦產生熱度，而熱度會加速咖啡高揮發物質的揮發，尤其是香氣部分。因此，選擇散熱度佳的磨豆機是必備條件。

3. 研磨刻度調整便利性：除了俗稱「砍豆機」的雙刀片磨豆機（右方圖），無法調整研磨度，最不建議購買外，至於手搖式磨豆機雖然攜帶方便，但須依經驗嘗試風味後，才能調整到最佳研磨值；再來無段微調研磨刻度式多為義式咖啡使用，固定分段調整研磨刻度式多為沖泡單品咖啡使用。一般來說，研磨號數越大，代表研磨度越粗，研磨號數越小，代表研磨度越細，研磨度最直接影響的，就是咖啡萃取率的程度與品質。

4. 刀盤：磨豆機刀盤材質多為金屬、陶瓷，陶瓷刀盤不易發熱，但是相對而言較脆弱，不適研磨較硬的咖啡豆，而金屬材質刀盤則較耐用。

砍豆機

摩卡壺各部位小解說 Moka Pot///
以下磨豆機款式是我使用後的經驗，讀者們可以參考：
家用推薦款：TIAMO FP2506S 錐形、卡布蘭莎 CP-560 錐形
進階推薦：KALITA Nice Cut 平刀、FUJI ROYAL 鬼齒、
TIAMO700S 磨豆機（義大利刀盤）

TIAMO FP2506S錐形

KALITA NICE CUT平刀

圖中磨豆機從上至下分別為：TIAMO 經典手搖復古磨豆機、
TIAMO 手搖磨豆機。

關於磨豆機刀盤 About Cut

磨豆機的刀盤通常分為「平刀」、「錐刀」和「鬼齒刀」這三種，不同的刀盤各有其特性，大家瞭解之後，再依自己的需求選購！

1. 平刀：近似「削、切」的研磨方式，可以將豆子削得較細薄，似片狀為主。片狀研磨的咖啡粉粒表面積也較大，可使咖啡粉粒中可溶性物質更快釋出，但也易造成過度萃取。

2. 錐刀：近似「碾、切」的研磨方式，形態為塊狀為主，但相對來說研磨粒徑較厚，萃取速度較緩，萃取過度風險較低。

3. 鬼齒刀：可以看成是平刀與錐刀的結合，研磨型態為多角切面顆粒狀，結合了平刀與錐刀的特徵，一方面擁有多切面增加粉粒表面積，同時也仍保有一定厚度，讓萃取率避免平刀易過萃、錐刀易萃取不足的隱憂。

一般常見的磨豆機多分成「電動磨豆機」和「手搖磨豆機」，前者可快速大量研磨、省力省時間，尤其營業更不可缺。而手搖磨豆機較便宜，容易入手，研磨出的咖啡豆品質，勝過砍豆機，而且可以少量研磨，保存咖啡的風味，唯一的缺點就是磨久了手會痠。

每個人喜歡的慣用咖啡器具不同，因此適合的研磨粗細度也不同，以下針對沖煮器具和研磨度給予一些建議，讀者們可以參考。

研磨度：粗研磨
建議沖煮器具：法式濾壓壺、越南滴濾杯

研磨度：中粗研磨
建議沖煮器具：虹吸式咖啡壺、濾紙手沖、法蘭絨

研磨度：中度研磨
建議沖煮器具：虹吸式咖啡壺、濾紙手沖、法蘭絨、美式咖啡機

研磨度：細研磨
建議沖煮器具：摩卡壺

研磨度：極細研磨
建議沖煮器具：土耳其壺、義式咖啡機

電動磨豆機 AUTO MILL

No.1　● KALITA NEXTG 磨豆機

軍綠與天藍兩種顏色塗裝，提供 15 段研磨粗細度，同時新增負離子抗靜電，可防止粉末飛濺，擁有低轉速降噪音，可降低至 65% 噪音與防止溫度升高、前置電源開關位置等貼心設計。另外，造型特殊的不鏽鋼杯則是用來盛接研磨完成的咖啡粉。

陶瓷研磨刀盤，低轉速研磨。

DATA
尺寸→ 寬 215× 長 230× 高 401mm
重量→ 3.2kg.
功率→ 60W
刀盤材質→陶瓷
研磨刻度→ 15 段
豆槽容量→ 60g.
品牌→日本

可以調整研磨粗細。

Detail

安全裝置。

Detail

Detail

No.2　● 小富士磨豆機

日本原裝進口，擁有鬼齒刀盤，高轉速，較一般磨豆機節省 1/3 時間，研磨出的咖啡粉稜角分明、細粉少，讓咖啡萃取更均勻，咖啡風味更加明亮。

磨豆機界的 IV，高質感的實用機。

DATA
尺寸→ 寬 165× 長 245× 高 360mm
重量→ 5.0kg
功率→ 130W
刀盤材質→金屬
研磨刻度→ 10 段
豆槽容量→ 200g.
品牌→日本

No.3　TIAMO 700S 半磅電動磨豆機

機身主體台灣製造、刀盤則由義大利進口，為通過日本 JAS 驗證、外銷日本機型。8 段式研磨粗細調整，可輕鬆選擇要的粗細顆粒，研磨細度可達義式咖啡機半自動咖啡機使用標準，研磨溫度低，可保留咖啡最佳風味。

義大利進口刀盤最夠力！

DATA
尺寸→寬 200× 長 120× 高 360mm
重量→ 3.3kg.
功率→ 150W
刀盤材質→金屬
研磨刻度→ 8 段
豆槽容量→ 225g.
品牌→台灣

No.4　TIAMO FP2506S 電動磨豆機

擁有圓錐形齒輪式設計，運作時轉速低、安靜，靠齒輪間隙來調整研磨，可任意調整粗細度，研磨出的咖啡粉粒均勻、溫度低，咖啡香味不流失，也保留咖啡原有之風味。

尺寸適中，實用性佳。

DATA
尺寸→寬 170× 長 132× 高 285mm
重量→ 1.92kg
功率→ 160W
刀盤材質→金屬
研磨刻度→ 10 ～ 25 段
豆槽容量→ 150 ～ 250g.
品牌→台灣

Coffee Utensils
手搖磨豆機
MILL

陶瓷磨刀，
防滑設計。

No.1

● HARIO SKERTON 手搖磨豆機

底座可以穩固置放桌面，減輕手部的負擔。
蓋子則可防止研磨時咖啡顆粒彈跳出來。
使用陶瓷磨刀，減少研磨時磨擦產生的熱
量，保留咖啡粉的香氣及滋味，研磨後未
用完的咖啡粉，可使用專用的上蓋將咖啡
粉蓋好，方便下次使用。

DATA
本體材質→ 樹脂
刀盤材質→ 陶瓷
磨豆量→ 約 25g.
品牌→ 日本

使用方法 How to Use

研磨刻度調整方法

1 轉開旋鈕螺帽。

2 卸下旋桿把手。

3 取下固定片。

4 旋轉調整磨床間距（調細：順
時鐘、調粗：逆時鐘）。

5 圖中為可調整研磨間距。

● HARIO Mill Slim Min 手搖式攜帶型磨豆器（陶瓷磨刀）

小型攜帶式的磨豆器，設計方便精巧，附透明蓋子設計、磨豆不怕跳豆，陶瓷錐型磨刀盤，可直接水洗絕不生鏽。另有快拆式搖桿設計、安裝快速、收納更方便。

造型精巧，方便攜帶式的磨豆器。

DATA
本體材質→樹脂
刀盤材質→陶瓷
磨豆量→24g.
品牌→日本

鋒利性持久，可調節研磨粗細。

● Porlex General 不鏽鋼陶瓷磨芯手搖旅行磨豆機

全部不鏽鋼，靜電極少，非常適合隨身攜帶，體長更易手握，研磨時更好使力。陶瓷刀盤，沒有金屬異味，可保持咖啡本身的味道。從 Espresso 到粗磨，可根據自己口味調節研磨粗細度，操作簡單。

DATA
本體材質→不鏽鋼
刀盤材質→陶瓷
磨豆量→30g.
品牌→日本

● GARTH 木桶碗型磨豆機（18K 金）

齒輪式刀盤，快速有效地將咖啡豆研磨成粉，顆粒均勻，使萃取出的咖啡香氣與味道充分釋放。木桶罐保存咖啡豆，具防潮功能，只需將咖啡豆置入豆槽內，轉動把手開始研磨，研磨完成的咖啡粉會落在木桶罐裡。

質感佳，自用、裝飾都適合。

DATA
本體材質→天然木、金屬
刀盤材質→金屬
磨豆量→39g.
品牌→台灣

No.5 ■ TIAMO 不鏽鋼手搖磨豆機

全機採不鏽鋼材質,堅固耐用,外觀部分拋光處理,清潔容易,保養簡單。採用最新陶瓷錐形刀盤,研磨效果佳,可直接水洗,加上底部附加防滑墊設計,有效止滑,美觀又實用。

> 優雅外觀,磨豆量大,超實用。

DATA
本體材質→不鏽鋼
刀盤材質→陶瓷
磨豆量→ 140g.
品牌→台灣

> 媲美專業磨豆機,研磨品質佳。

No.6 ■ TIAMO 經典手搖復古磨豆機

錐形不鏽鋼精鑄刀盤、無段式微調咖啡粉的粗細,研磨快速安靜且粗細均勻,高級不鏽鋼豆槽蓋設計,開闔密合度佳。可搭配所有的咖啡器具。

DATA
本體材質→高級山毛櫸、矽膠
刀盤材質→不鏽鋼
磨豆量→ 20g.
品牌→台灣

No.7 ■ TIAMO 磨豆機

復古造型低調耐看!陶瓷刀盤,可減少生熱的溫度,不影響咖啡粉風味。手搖研磨桿操作,不跳豆設計且儲粉盒一體成型,無卡粉問題。居家個人、辦公室、個性咖啡廳、玩家小店皆適宜。

> 不跳豆、不卡粉,磨粉品質佳。

DATA
本體材質→橡膠木、鐵鍍鉻
刀盤材質→陶瓷
磨豆量→ 110g.
品牌→台灣

> 強制進豆葉片設計,不跳豆。

No.8 ■ TIAMO 密封罐陶瓷磨豆機

輕巧容量體積小,方便收納不占空間,杯份標示,輕輕鬆鬆知道所需的量。陶瓷錐刀刀盤採用內、外錐形齒輪的密合度調整咖啡研磨粗細,容易維持均勻度。底部矽膠止滑墊,研磨前可裝在儲豆槽上當防塵蓋使用,一物兩用。

DATA
本體材質→陶瓷、玻璃、塑膠、矽膠
刀盤材質→陶瓷
磨豆量→ 110g.
品牌→台灣

圖中手網從左至右分別為：日本圓形手網、GARTH粉刷、日本方形手網。

認識烘豆器

ABOUT COFFEE BEANS ROASTER

就簡易烘豆機來說，咖啡豆要烘得好，除了需要瞭解烘焙原理，更要熟悉器具的特性，其中溫度、時間、火力等等，都是最重要，也是必須最優先掌控的變因。如果是更進階的營業機，除了提升對溫度、時間、火力的掌控度，還要再掌握風門、穩定度（蓄熱、熱氣流路徑）、散熱盤（散熱速度）、安全性和溫度記錄等等。針對咖啡新手烘豆，「FR 小型家用烘豆機」和「手網」都是不錯的選擇。

我想提供大家我的小型家用烘豆機使用心得。小型家用烘豆機最簡單安全的是，只需使用一般家用插座為熱源的熱風烘豆機，其中又以美國 Fresh Beans Inc. 出產的 SR500 最具代表性，有些早期咖啡玩家簡稱它為「FR」，主要是因為它的前身 FR8 ＋曾陪伴許多咖啡玩家展開烘焙初旅程。SR500 以簡單直覺的設計，讓所有初學者很容易上手，不但擁有幾乎全自動的設計，讓喜歡美式咖啡的朋友只要設定好火力、時間和風力，按下開始鍵，即可在時間倒數結束後，自動冷風三分鐘並且自動關機。同時它也提供想進一步把玩精品咖啡的玩家一個相當大的自由操作空間，使用者可以根據生豆烘焙進展，隨時調整火力、風力、減少或延長烘焙時間，或者隨時手動下豆，亦或自動冷風三分鐘結束烘焙。這台機器的優點是讓咖啡的風味更加乾淨明亮，烘焙時可以藉由熱風更快速傳導到豆芯，減少咖啡被火焰燙傷的可能性，是一台讓初學者與玩家都容易上手的家用烘豆機。

另外，新手進行咖啡豆自家烘焙，最簡單、最省成本的方法，就是利用手網（Coffee Beans Hand Net）。常見的手網網子部分是圓形、方形，把手多為木製。以手網烘焙咖啡豆，方便一邊看咖啡豆的變化，不過操作時要注意火源、安全。操作時，謹記咖啡生豆的數量、狀態、時間、火焰大小等變因，參照以下步驟，多練習幾次。

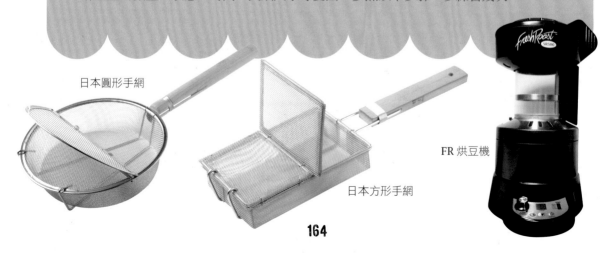

日本圓形手網

日本方形手網

FR 烘豆機

學會手網烘咖啡豆
HOW TO ROAST

準備器具：手網、秤、瓦斯爐、散熱網、風扇。

烘豆度說明：約 14 ～ 18 分鐘開始一爆，濃煙漸出，持續約 1.5 分鐘一爆結束。烘焙結束時機：淺烘焙：約一爆開始 1.5 ～ 2 分鐘；中烘焙：一爆結束 1 分鐘；深烘焙：二爆開始～ 1 分鐘。

4 將手網置於火焰上方約 10 ～ 15 公分，開始左右晃動，左右來回算搖晃一次，平均速度為搖晃一次／1 秒鐘，持續搖晃幅度以不超出瓦斯爐架範圍為準。

10 ～ 15 公分

1 秤好咖啡生豆的重量。

2 將咖啡生豆裝入手網中。

5 烘焙結束，將咖啡豆倒入散熱網。

3 調整火力大小。

6 置於風扇上方，盡速將咖啡豆溫度降至常溫，以單向透氣閥袋包裝。

圖中拉花鋼杯從左至右分別為 RW 品牌：玫瑰鈦金拉花鋼杯、
虎紋拉花鋼杯、鈦黑拉花鋼杯、淺木紋拉花鋼杯。

認識拉花鋼杯
ABOUT MILK PITCHER

拉花鋼杯是製作義式咖啡必備的器具，特別是想要製作拿鐵（Latte）、卡布奇諾（Cappuccino）等加奶的咖啡飲品，就一定需要，更不用說拉花了。選購拉花鋼杯，首要配合飲品容量，可參照下方表格。個人推薦可先買600ml的拉花鋼杯，不僅容量大，打發鮮奶時比較好控制，不易濺出，而且不但製作拿鐵時可用，更可以一次打發兩杯份卡布奇諾鮮奶。

咖啡	拉花鋼杯容量	杯子容量
卡布奇諾	300ml	150～180ml
拿鐵	600ml	240～360ml

此外，在杯口形狀上，大致分成「斜口」、「尖口」和「圓口」商品。斜口：容易掌握傾倒時的流速和線條。尖口：適合線條細緻、比較複雜的圖案。圓口：比較適合大圖案，例如鬱金香。

Milk Utensils
拉花鋼杯
MILK PITCHER

No.1 ▇ BG 拉花鋼杯

小角度的出口，加上圓潤的導角，操作起來好掌握。把手好握不燙，讓奶泡更容易控制，是拉花愛好者的絕佳利器。

> 出口角度小，易掌握！

深木紋款

DATA
主材質→不鏽鋼
杯口形狀→斜口
容量→ 5oz、12oz、20oz、24oz、36oz
品牌→台灣

尖口拉花鋼杯

圓口拉花鋼杯

斜口拉花鋼杯

No.2 🇺🇸 RW 拉花鋼杯

厚度達 1mm，不鏽鋼材質，比一般 0.6mm 產品更厚，十分耐用。拉花嘴無翻唇，使葉片更細緻，出奶量均勻，可以試著挑戰高難度花案。

DATA
主材質→ 不鏽鋼
杯口形狀→ 平口
容量→ 12oz、20oz、30oz
品牌→ 美國

無翻唇拉花嘴

萊姆黃款

金屬紅款　　淺木紋款

透明主體易操作

平口尖嘴、綠色款

DATA
主材質→ tritan 材質
杯口形狀→ 尖口
容量→ 20oz
品牌→ 台灣

No.3 🇹🇼 COFFEEHOUSE 透明拉花杯

以 tritan 耐熱材質（一種塑膠）製作的平口尖嘴拉花杯。透明、耐熱、耐衝擊、不含雙酚 A、不會殘留味道，可以看到操作過程中液體的變化，很適合教學使用。另有黃色、藍色、桃紅色、綠色、透明款。

No.4 🇹🇼 TIAMO 不鏽鋼宮廷拉花鋼杯

通過 SGS 檢測標準，加上厚實的杯體，圓弧的把手，操作起來安全、易掌握，耐用且造型大方。

厚實質地，耐用。

DATA
主材質→ 不鏽鋼
杯口形狀→ 圓口
容量→ 300ml、600ml、900ml
品牌→ 台灣

鋼杯內外有容量刻度標示

No.5 🇹🇼 TIAMO 砂光專業內外刻度指示拉花杯

獨特的砂光設計，使杯體看起來更有質感。加上鋼杯內外皆有刻度顯示，容量一目了然，深受吧檯師傅喜愛。

DATA
主材質→ 不鏽鋼
杯口形狀→ 尖口
容量→ 360ml、600ml、960ml
品牌→ 台灣

No.6 🇹🇼 TIAMO 斜口拉花鋼杯蒂芬妮藍

斜的尖口設計，出奶量好控制，對於流量和線條，都能夠輕易掌握。特殊的配色，更讓人愛不釋手。另外，也有圓口款可選擇。

討喜的蒂芬妮藍色

這款鋼杯也有圓口設計款

DATA
主材質→不鏽鋼
杯口形狀→尖口
容量→450ml、650ml
品牌→台灣

不沾塗層款、數種容量可選。

No.7 🇹🇼 TIAMO 不沾塗層厚款刻度指示拉花鋼杯

鋼杯內外皆有刻度，能清楚掌握內容量。不沾塗層，易清洗。簡單大方的造型，優質耐用。此款另有紅色及灰色可做選擇。

DATA
主材質→不鏽鋼
杯口形狀→尖口
容量→360ml、650ml、950ml
品牌→台灣

No.8 🇹🇼 TIAMO 斜口拉花鋼杯尖口設計 知名 Melba Coffee 合作款

斜口的設計，能夠輕鬆觀察奶泡的變化；尖口則有利於勾勒細膩線條。Melba Coffee 是來自墨爾本的精品咖啡烘焙商，頻頻在咖啡烘焙大賽中獲獎。

名家授權合作限量款，實用可收藏。

DATA
主材質→不鏽鋼
杯口形狀→尖口
容量→450ml
品牌→台灣

No.9 🇹🇼 GABEE 彩色拉花鋼杯

GABEE 的每一個鋼杯在出貨前都經過專業咖啡師測試、確認過，品質有保證。無把手的專業級拉花鋼杯，更受玩家喜愛。另有咖啡色、紅色、藍色、亮面、霧面等款。

無把手的專業拉花鋼杯，台灣達人設計！

DATA
主材質→不鏽鋼
杯口形狀→尖口
容量→300ml、600ml
品牌→台灣

No.10 ⬛⬛ MOTTA 專業拉花鋼杯、奶泡杯

加長後的拉花嘴，拉起花來更易操作。烤漆的杯身與內壁，容易清理。是 WBC 與 Latte Art 比賽選手的愛用品牌。另有橘色、紅色、白色、鏡面等款。

拉花嘴加長，更易拉花。

DATA
主材質→不鏽鋼
杯口形狀→圓口加長
容量→250ml、350ml、500ml、750ml、1,000ml
品牌→義大利

圖中拉花杯為：COFFEEHOUSE 透明拉花杯。

圖中奶泡器從上至下分別為：TIAMO 雙層濾網＋彈簧奶泡杯、
TIAMO 電動奶泡器、TIAMO 玻璃奶泡杯。

認識奶泡器
ABOUT MILK FOAMER

製作冰、熱奶泡一般都使用「電動奶泡機」、「手打奶泡壺」。電動奶泡器比起手打更省力，是利用快速攪拌，將空氣打入鮮奶中形成泡沫。打發時，奶泡器前端需置於奶缸中間形成漩渦，可隨時注意奶泡膨脹高度，依需求量隨時停止。打發後奶泡若是過乾，可以與奶缸底層鮮奶攪拌混合再使用。手打奶泡壺是利用金屬細網來回快速抽動，將空氣打入鮮奶中，形成綿密的奶泡。抽動時，需在牛奶液面中來回抽動，不可超出液面，也不可打到底部。打發完鮮奶後，可靜置約2～3分鐘，待粗奶泡漸漸消去，取細緻奶泡使用。

牛奶　　在牛奶裡來回抽動

學會手打奶泡
HOW TO DO

準備器具：手打奶泡壺、秤

1 倒入鮮奶（冰、熱鮮奶均可），量約比奶泡缸 1/2 處再略少一些。

2 左手下壓，右手向上拉。

3 先快速抽動濾網約 30 下，再慢速抽動約 10 下（來回抽動，不可超出液面，也不要打到底部）。

4 靜置約 2～3 分鐘，粗奶泡會漸漸消去。

No.1 🇹🇼 TIAMO 電動奶泡器

簡單的造型，握把處設計內凹，好拿不滑手。樹脂材質，輕盈不重，打起奶泡更加順手方便。

輕巧設計，方便取用。

DATA
材質→不鏽鋼、樹脂
類型→電動
品牌→台灣

特殊珠頭，易握好操作。

No.2 🇹🇼 TIAMO 雙層奶泡杯

不鏽鋼材質，造型簡單大方，兼具美觀與耐用。使用方便，操作簡易，清洗容易。內含雙層網，能夠輕鬆完成香滑細密的奶泡。

DATA
材質→不鏽鋼、樹脂
類型→手動
容量→300ml
品牌→台灣

No.3 🇹🇼 TIAMO 雙層濾網＋彈簧奶泡杯

伸縮彈簧，雙層濾網，打起奶泡更加輕鬆自在，也更加柔細。不鏽鋼材質，簡單造型，十分耐用。

Detail

Detail

雙層濾網，奶泡更細緻。

伸縮彈簧，輕鬆使力。

不鏽鋼、樹脂材質易清洗。

DATA
材質→不鏽鋼、樹脂
類型→手動
容量→200ml、300ml、400ml
品牌→台灣

No.4 🇹🇼 TIAMO 玻璃奶泡杯

輕巧的造型，能快速製作奶泡，使用方便。玻璃材質的主體，可以清楚看見製作完成的奶泡，清洗也很容易。

DATA
材質→不鏽鋼、玻璃、木
類型→手動
容量→400ml
品牌→台灣

玻璃材質，奶泡清楚易見。

圖中杯子皆為日本 Meister Hand UN CAFÉ 系列馬克杯

ENCORE UN PEU DE

UN
CAFÉ
JAPON
COULEUR

當你在咖啡館，服務生緩緩端上咖啡，陣陣香氣撲鼻而來。除了以味覺品嘗咖啡風味，欣賞盛裝的杯盤，也是一種視覺上的享受。店家會根據你點的咖啡，以不同形狀、材質的杯子盛裝，讓喝咖啡變得更有趣。

市面上常見美麗的咖啡杯和紅茶杯，最大的不同在於咖啡杯杯口較窄、杯身較厚，具保溫效果，且可以凝聚香氣，使咖啡香氣擴散。杯內多呈白色，可欣賞咖啡的顏色。

紅茶杯則杯底淺、杯口比較寬、杯身較矮、透光性較佳，有些杯子邊緣採花邊設計。

認識咖啡杯
ABOUT COFFEE CUPS

五花八門的市售咖啡杯令人目不暇給。如果想買咖啡杯，除了考慮自己喜歡的顏色、圖案，更應該從使用的實際面考量，也就是咖啡杯的容量、形狀、材質和厚度來決定。以下從這四個方向稍微介紹咖啡杯的差異，提供大家參考。

杯子的材質 MATERIAL

咖啡杯的材質會影響咖啡風味，必須考慮到保溫以及嘴唇接觸杯子時的觸感。目前常用的是陶製、瓷製和玻璃咖啡杯，其他還有琺瑯、不鏽鋼和冰咖啡專用的銅杯等。

陶土杯 >> 以取自大自然的泥土、黏土混合燒製而成。比較重，適合口感較濃郁的深焙咖啡。表面比較凹凸粗糙、耐高溫、保溫性佳。

瓷杯 >> 有白瓷、骨瓷。吸水、透氣性佳。不過清洗後要徹底乾燥，以免黴菌生長。比較輕、質感較細緻、表面光滑，咖啡入口後，香氣與風味在口中均勻擴散，能直接享受品嘗咖啡。清洗時，以手洗為佳，避免用洗碗機洗，一個個清洗，不可將數個杯子放入容器中一起清洗，以免碰撞。適合口感清爽、清淡的咖啡。其中，混合了瓷土與骨粉燒製而成的骨瓷杯，質地比一般陶杯更堅硬，不易打破與磨損，保溫性佳，但燒製的難度更高。骨瓷杯表面光澤柔和、剔透晶瑩、質感細緻且輕盈。

玻璃杯 >> 使用耐熱玻璃，不會影響咖啡風味，很受歐洲人喜愛。常用在黑咖啡、歐蕾咖啡。此外，用在拿鐵咖啡、馬奇雅朵等花式咖啡，品嘗風味之餘，也能同時欣賞層次之美。

Narumi 花之戀綠色馬克杯（骨瓷）

Narumi 蝶舞馬克杯（骨瓷）

Bodum 雙層玻璃杯

Meister HandLa cuisine 系列北歐青鳥咖啡杯（陶瓷）

杯子的容量 VOLUME

正規咖啡杯

又叫一般咖啡杯（Regular Cup），是最常見的咖啡杯。容量約 120 ～ 140ml，多用來盛裝單品咖啡、美式咖啡，可添加奶或糖。

馬克杯

直筒狀，無搭配咖啡盤，300 ～ 400ml，容量較大。適合用來裝摩卡咖啡、歐蕾咖啡或拿鐵咖啡。

法式歐蕾咖啡碗

容量約 300 ～ 500ml，法國人喜歡用它來喝歐蕾咖啡（牛奶＋咖啡）。

卡布奇諾杯

容量約 150 ～ 180ml。杯體材質較厚實，保溫性佳，寬杯口，能聚集香氣，通常使用有把手的陶瓷製杯子。

拿鐵咖啡杯

300ml 以上，容量較大，適合加入奶泡飲用的咖啡，像是拿鐵咖啡、焦糖瑪奇朵等。

咖啡＆紅茶兩用杯

杯緣水平直線，杯子較厚，杯耳與杯子高度相同。

小型咖啡杯

是指半杯份量的咖啡，容量約 60 ～ 90ml，用來裝義式濃縮咖啡、單品咖啡、精品咖啡等，另也有人盛裝土耳其咖啡、深焙咖啡飲用。常見材質有濃縮陶瓷杯、濃縮玻璃杯。

TIAMO 鬱金香大卡布杯（220ml）

d'ANCAP Torino 拿鐵杯（320ml）

Narumi 姆明馬克杯（350ml）

Wedgwood Wild Strawberry 野莓咖啡杯（180ml）

Narumi 花之戀紅色咖啡＆紅茶兩用杯（240ml）

d'ANCAP 標準舞濃縮杯組（70ml）

杯子的厚度 THICKNESS

溫度是影響咖啡風味的最大原因。咖啡最佳的品嘗溫度大約是 70℃，不過每個人喜好的咖啡溫度不同，有人喜歡喝熱的，但喜愛溫咖啡的人也不少。為了避免咖啡溫度急速下降，選擇適合的咖啡杯非常重要，這可以從咖啡杯的材質、形狀來選擇。

杯厚

材質較厚的杯子有聚熱、保溫效果佳的特點，適合義式的濃縮咖啡，以及拿鐵咖啡、卡布奇諾等花式咖啡。製作拿鐵咖啡、卡布奇諾等咖啡時，透過溫杯，可以先保留咖啡的溫度，倒入牛奶、奶泡之後，杯厚可減緩溫度下降，維持咖啡的風味與口感。

杯薄

材質較薄的杯子適合品味單品咖啡，還可以直接感受咖啡從熱到涼的風味差異，味覺享受更豐富。

Meister Hand UN CAFÉ 系列馬克杯（白雲土陶瓷，杯厚）

Narumi 花卉咖啡杯（骨瓷，杯薄）

雕花造型咖啡杯（瓷杯，杯薄）

Narumi 花之戀咖啡色馬克杯（廣口杯）

Narumi 花之戀紅色咖啡＆紅茶兩用杯（直口杯）

> **小訣竅 Tips**
> 以材質的保溫性排列順序為：白瓷 → 骨瓷 → 白陶 → 陶土

杯子的形狀 SHAPE

舌頭的每一部位對某種味道的敏感度會有差異。例如：舌頭前端（舌尖）對甜味比較敏感，舌頭的兩側對酸味感受較強烈，而舌頭後段（舌根）則對苦味敏感度較高。

杯口較杯底寬（廣口杯）

杯口向外延伸的廣口杯，咖啡入口後在口腔內擴散，舌頭兩側便會感受酸味，能夠感受更廣的風味。

杯口與杯底同寬（直口杯）

即杯口與桌面垂直的直口杯，咖啡入口後會直接流入舌根，因此會先感受到苦味，風味感受更醇厚。

圖中 TIAMO 品牌杯子從上至下分別為：鬱金
香拿鐵杯、鬱金香大卡布杯、蛋形濃縮杯。

圖中杯子從上至下分別為：日本富士琺瑯
B.M.S 琺瑯杯、日本職人木柄琺瑯杯。

圖中 TIAMO 品牌器具從上至下分別為：三用電子秤、
量杯、速顯電子式溫度計、防水型雙金屬溫度計。

認識
測量小器具
ABOUT
MEASURING TOOLS

為了在咖啡製作過程中讓測量、測溫更順利，必須準備一些小器具，例如：溫度計、電子秤、量杯、量匙和沙漏等。其中，電子秤最好是使用可以測量到 0.1g. 的微量電子秤。溫度計則以能電子快速顯示，並附移動式支架的為佳。量杯可直接盛裝材料後方便秤量，咖啡豆匙容量則不盡相同，建議使用前以電子秤測試。此外，沙漏和計時器可以計算時間，也是便利的小幫手。

Coffee Tools
電子秤
DIGITAL SCALE

秤的部分，優先建議採購電子式，且須選用單位計重為 0.1g. 為佳，除了較能精準秤重外，還能於沖泡過程中使用電子秤控制注水量。除了上述功能，現在有進階版的智能型電子秤，在秤重、計時功能外，還可以與手機或平板電腦連線，特別是手沖咖啡時，記錄沖泡過程的注水流速與流量，對於手法校正，特別是穩定度有很大助力。

No.1 🇹🇼 ACAIA 神秤

近來還有智能型電子秤，也暱稱「神秤」，可以連結平板電腦記錄沖泡過程注水量、時間變化，可以幫助事後校正手法，特別是穩定度。Acaia 智慧型電子秤是 SCAA 2014 年度優秀產品。觸控式的按鍵、最小能測到 0.1g.，還能以藍牙連接手機或平板 App，為每一次沖泡咖啡做記錄，並且儲存資料，為往後每次沖泡做調整。

> 藍牙多功能電子儀，MIT，由台灣製作及生產的喔！

DATA
材質→壓克力、樹脂
重量→ 462g.
最大計量→ 2KG
品牌→台灣

> 同時顯示計時、秤重，手沖咖啡必備！。

No.2 ⚫ HARIO VST-2000B 多功能電子秤

黑色結合灰色的搭配，展現大器時尚。觸控式按鍵，兼具計時和秤重功能，方便實用的好物。

DATA
材質→樹脂、不鏽鋼
重量→ 600g.
最大計量：2KG
品牌→日本

No.3 🇹🇼 TIAMO 三用電子秤

特殊的橘光大尺寸螢幕設計，即使是在光線不清楚的地方，也看得清楚，閒置五分鐘之後，即會自動關機。觸控式按鍵，方便好用。

> 可同時計時、測溫度、秤重。

DATA
材質→樹脂
重量→ 2KG
最大計量→ 2KG
品牌→台灣

Coffee Utensils

溫度計
THERMOMETER

水溫是萃取咖啡的重要變因，所以為了控制水溫，建議購買電子式及快顯式溫度計，較精準與快速。同時建議偵測溫度數值需具有小數點下一位的功能為佳。

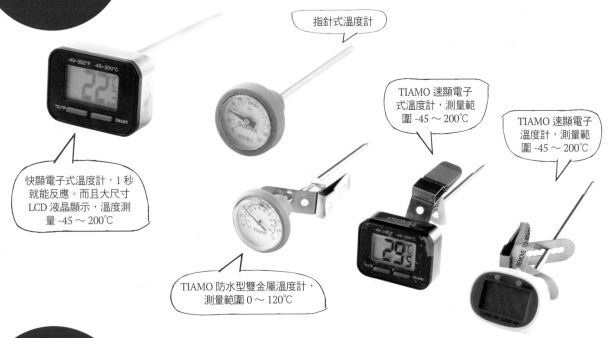

指針式溫度計

TIAMO 速顯電子
式溫度計，測量範
圍 -45 ～ 200℃

TIAMO 速顯電子
溫度計，測量範
圍 -45 ～ 200℃

快顯電子式溫度計，1 秒
就能反應。而且大尺寸
LCD 液晶顯示，溫度測
量 -45 ～ 200℃

TIAMO 防水型雙金屬溫度計，
測量範圍 0 ～ 120℃

Coffee Utensils

量杯
CUP

杯身就附上刻度的玻璃量杯，能夠簡
易量測任何液體、粉狀，是手沖咖啡
愛好者都須具備的實用好物。

TIAMO 玻璃
盎司杯

TIAMO 玻璃
有柄量杯

TIAMO 有柄量杯
（200ml）

咖啡豆匙
BEANS SPOON

咖啡豆匙是計量咖啡豆最方便的器具，居家沖泡咖啡時，只要有豆匙，就能簡易測量。但是因為咖啡豆匙的容量都不太一樣，因此還是建議以電子秤先測量過。

咖啡豆不鏽鋼量匙

KALITA 咖啡豆銅質量匙

HARIO 咖啡豆量匙

HARIO 咖啡豆銅質量匙

咖啡豆電子量匙

沙漏
HOURGLASS

沖泡咖啡時，時間的掌控很重要。喜愛復古風的咖啡玩家，常喜歡選用沙漏來計測，不但優雅，各式各樣的造型，也讓人愛不釋手，可當作裝飾。

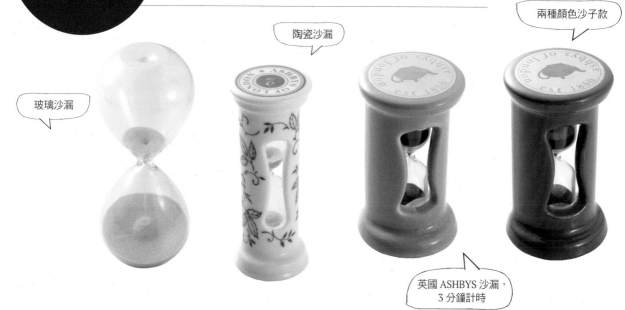

兩種顏色沙子款

陶瓷沙漏

玻璃沙漏

英國 ASHBYS 沙漏，3 分鐘計時

國家圖書館出版品預行編目

新手的咖啡器具輕圖鑑：達人分享煮咖啡技
巧、使用心得＋新手選購指南／郭維平編著--
初版.--台北市：朱雀文化，2016.12

面； 公分-- (Cook50；155)

ISBN 978-986-93863-2-6

1.咖啡 2.器具　　　　　　　　　427.42

Cook50155

新手的咖啡器具輕圖鑑
達人分享煮咖啡技巧、使用心得＋新手選購指南

編著	郭維平
攝影	林宗億
美術	張歐洲
內文版型	鄧宜琨
編輯	彭文怡
校對	連玉瑩
行銷企劃	石欣平
企畫統籌	李橘
總編輯	莫少閒
出版者	朱雀文化事業有限公司
地址	台北市基隆路二段13-1號3樓
電話	（02）2345-3868
傳真	（02）2345-3828
劃撥帳號	19234566 朱雀文化事業有限公司
e-mail	redbook@ms26.hinet.net
網址	http://redbook.com.tw
總經銷	大和書報圖書股份有限公司（02）8990-2588
ISBN	978-986-93863-2-6
初版一刷	2016.12
定價	450元
出版登記	北市業字第1403號

帶著你的咖啡一起去旅行。

將自己喜歡的咖啡包，放置在掛耳咖啡架上，再用
馬卡龍手沖壺緩緩的將熱水注入，讓咖啡粉均勻
的悶蒸釋放，片刻後即可享用一杯香醇的手沖咖啡。

2015年 金點設計獎標章

避免咖啡過度萃取，產生苦澀味，
適用各種不同的濾掛式咖啡及杯子，
隨身攜帶，可做為熱飲紙杯隔熱套。

沖泡一杯濾掛式咖啡剛剛好，
手把設計好握拿，可避免手指
碰到杯身 弧形細口設計，水量
均勻好控制，方便收納，也適合
辦公室或外出使用。

濾掛式咖啡的最佳拍檔
馬卡龍手沖壺 X 掛耳咖啡架

Tiamo®

■ #304不鏽鋼材質 櫸木握把

單手可開　溫度計插孔　注水可大可小　穩定不易斷水

垂直注水 90°

Brew Bird Drip Pot

新色上市 鈦黑 / 玫瑰金
青鳥斜口細口壺

壺嘴特有90度注水設計讓水流穩定垂直，剛接觸手沖咖啡
的人也可以準確地控制注水位置及高度穩定的垂直注水，
是手沖者追求的理想狀態，提升萃取效率降低萃取過程的
注水不均勻，讓咖啡更能表現原來的風味。

斜口
拉花杯

650cc新色上市!!
鈦黑/玫瑰金

Tiamo® 禧龍企業股份有限公司

地址：桃園市平鎮區陸光路14巷168號　　電話：(03)420-0393(代表號)　　傳真：(03)420-0162
E-mail：enquiry@ciron.com.tw　　http://www.tiamo-cafe.com.tw　　www.ciron.com.tw